U0274405

光学调频连续波干涉技术

Optical Frequency – Modulated Continuous – Wave（FMCW）Interferometry

［加］郑 刚（Jesse Zheng） 著

缪寅宵 刘 柯 宋金城 郭力振
朱 浩 王晓光 郭天茂 译

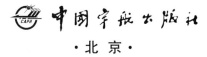

中国宇航出版社

·北京·

First published in English under the title
Optical Frequency - Modulated Continuous - Wave (FMCW) Interferometry
by Jesse Zheng, edition: 1
Copyright © Springer - Verlag New York, 2005*
This edition has been translated and published under licence from
Springer Science + Business Media, LLC, part of Springer Nature.
Springer Science + Business Media, LLC, part of Springer Nature takes no responsibility
and shall not be made liable for the accuracy of the translation.

　　著作权合同登记号：图字：01－2019－1271

版权所有　侵权必究

图书在版编目（CIP）数据

　　光学调频连续波干涉技术 /（加）郑刚
（Jesse Zheng）著；缪寅宵等译. --北京:中国宇航
出版社,2019.7
　　书名原文：Optical Frequency - Modulated
Continuous - Wave (FMCW) Interferometry
　　ISBN 978 - 7 - 5159 - 1657 - 6

　　Ⅰ.①光… Ⅱ.①郑… ②缪… Ⅲ.①调频连续波雷
达 Ⅳ.①TN958

　　中国版本图书馆 CIP 数据核字（2019）第 139577 号

责任编辑　彭晨光		**封面设计**　宇星文化	

出　版 发　行	**中国宇航出版社**		
社　址	北京市阜成路 8 号	邮　编	100830
	(010)60286808		(010)68768548
网　址	www.caphbook.com		
经　销	新华书店		
发行部	(010)60286888		(010)68371900
	(010)60286887		(010)60286804(传真)
零售店	读者服务部		
	(010)68371105		
承　印	河北画中画印刷科技有限公司		
版　次	2019 年 7 月第 1 版		2019 年 7 月第 1 次印刷
规　格	880 × 1230	开　本	1/32
印　张	7.5	字　数	215 千字
书　号	ISBN 978 - 7 - 5159 - 1657 - 6		
定　价	168.00 元		

本书如有印装质量问题，可与发行部联系调换

译著序

基于光学干涉原理的仪器在精密测量领域发挥着重要作用。以波长为尺度，许多物理量如距离、位移、速度、温度、压力、电场、磁场、振动振幅、旋转速度甚至引力波都能够通过光学干涉的方法进行测量。

在物理光学中，人们很早就系统地研究了相同频率光波之间的干涉和不同频率光波之间的干涉问题。但由于缺少合适的光源，人们从来没有讨论过频率连续调制的光波之间的干涉问题。直到 20 世纪 80 年代早期，单模半导体激光器的发明结束了这种情况。光学调频连续波干涉的研究不仅拓展了人们对于光的特性认识，更创造了一种用于精密测量的新技术。此外，光纤技术的发展为光的传播提供了一种低噪声、低损耗、长距离且非常灵活的途径。自然地，人们开始利用光纤构建干涉系统，避免了光学干涉技术对自由空间光路的苛刻要求。光纤的应用极大地拓展了光学干涉测量技术的应用领域，出现了基于光学调频连续波干涉原理的位移、应力、压力、温度、旋转等光纤传感器，这些传感器在科学研究以及工程测量领域得到了广泛应用。

由郑刚（Jesse Zheng）著的《光学调频连续波干涉技术》一书是作者多年教学和科研工作的总结，它全面系统地论述了光学调频连续波干涉的基本理论，并结合工程应用对相关器件特性、常用FMCW 干涉仪结构形式、工作原理、构建方法以及应用领域进行了深入的探讨，并对极具工程应用前景的光纤、光学调频连续波干涉传感器进行了讨论分析。本书讨论的问题概念清晰、理论严谨，是一本比较全面、系统地论述光学调频连续波干涉理论和应用的著作。

　　本书由缪寅宵、刘柯、宋金城、郭力振、朱浩、王晓光、郭天茂翻译，在出版过程中得到了中国宇航出版社编辑的热情帮助，在此一并表示感谢。由于译者知识水平有限，且翻译时间仓促，书中难免会有一些不妥之处，恳请广大读者批评指正。

前　言

　　光学干涉在科学研究和现代科技发展过程中有着重要影响。历史上，光学干涉对于建立光的波动特性理论发挥了重要作用。当下，光学干涉仍然在诸如光谱学和计量学等诸多领域扮演着重要角色。迄今为止，物理光学方面的著作已经讨论了单一同频光波之间的干涉（即零差干涉），以及两个不同频率的光波之间的干涉（即外差干涉）。但是至今几乎没有讨论频率连续可调的光波之间的干涉问题（即调频连续波干涉）。

　　调频连续波（Frequency – modulated continuous – wave，FMCW）干涉首先于 20 世纪 50 年代应用在雷达领域，最近又被引入到光学领域。对于光学 FMCW 干涉的研究不仅让我们对光的特性有了新的认识，更创造了一种用于精密测量的高新技术。

　　本书介绍了光学 FMCW 干涉的原理、应用以及信号处理过程。本书的框架结构很明确。第 1 章对光学 FMCW 干涉做了一个简要介绍，主要涉及它的发展历史、基本概念和主要优势。第 2 章的重点放在了光学 FMCW 干涉的原理上，对三种不同的光学 FMCW 干涉——锯齿波光学 FMCW 干涉、三角波光学 FMCW 干涉和正弦波光学 FMCW 干涉进行了详细的讨论，不仅如此，本章还讨论了多光束光学 FMCW 干涉和多波长光学 FMCW 干涉。

　　第 3 章介绍了光学 FMCW 干涉的光源。由于在实践中，只有激光能够作为调频光源，而且通常使用的都是半导体激光器，因此本章首先介绍激光的基本原理，包括受激发射、粒子数反转、光学谐振器、激光模式和频率调制，然后讨论半导体激光器的典型特性。第4章介绍了用于光学FMCW干涉的光探测器。对通常使用的半导体光电二极管（包括PN型光电二极管、PIN型光电二极管和雪崩光电二极管）的工作原理以及相关问题（如二极管偏压、光电流放大和噪声源等）进行了详细的讨论。

第5章讨论了光学FMCW干涉的相干理论，包括光源频率带宽的影响、光学FMCW波的相干性和光源相位噪声的影响。第6章首先介绍了建立光学FMCW干涉仪的基本要求和相关技术，然后给出了几款由经典零差干涉仪（如迈克尔逊FMCW干涉仪、马赫-泽德FMCW干涉仪和法布里-珀罗FMCW干涉仪）改造而来的光学FMCW干涉仪作为示例。

第7、8、9章讨论了光纤FMCW干涉仪和光纤FMCW干涉传感器。光纤是圆柱形的光学波导，已经被广泛地应用在图片传输和光通信领域，它提供了一种低噪声、低衰减、低损耗、长距离和高灵活性的光传播方式。光纤和光纤器件在光学干涉仪中的应用能够使干涉仪简洁、可靠、灵活并且更精密。而且，利用光纤技术，可以开发更先进的检测技术，更复杂的干涉仪，甚至"固体"干涉仪（即全光纤干涉仪）。

第7章首先简要介绍了光纤和光纤器件，然后介绍了几款典型的光纤FMCW干涉仪，包括光纤迈克尔逊FMCW干涉仪、光纤马赫-泽德FMCW干涉仪和光纤法布里-珀罗FMCW干涉仪。第8章讨论了光纤FMCW干涉仪的多路复用技术。详细讨论了四种重要的多路复用方法（频分复用、时分复用、时频复用和相干复用）以及相关的多路复用光纤FMCW干涉仪。第9章介绍了几种基于光学FMCW干涉的高级光纤传感器，包括光纤FMCW干涉位移传感器、光纤 FMCW 干涉应变传感器、光纤 FMCW 干涉压力传感器、光纤 FMCW 干涉温度传感器和光纤 FMCW 干涉旋转传感器（即光纤 FMCW 陀螺仪）。

第 10 章讨论了光学 FMCW 干涉的信号处理过程。详细讨论了频率测量和相位测量的三种不同方法。

本书是基于作者对这个领域 20 多年的研究经验编写的。作者已经尽了最大的努力，力图让本书内容变得清晰、简洁。书中对所涉及的所有光学 FMCW 干涉的贡献者都给予了赞许；不过，对于在其他相关领域的发明者并未全部致谢。

本书的目标读者是相关领域的科学家、工程师和同时工作在学术界和工业界的研究者。本书尤其适用于在测量仪器领域工作的专业人士。也可作为高等院校高年级本科生或研究生的一本介绍现代光学干涉的教材。

我特别感谢 Springer – Verlag New York 的汉斯·凯尔奇（Hans Koelsch）博士，感谢他在本书立项中的大力帮助。也感谢我的儿子郑岩（Jack），他在本书稿件的准备过程中，给予了极为珍贵的帮助。最后，将此书献给我的妻子赵颖（Nancy），感谢她一如既往的鼓励和支持。

郑刚（Jesse Zheng）

2004 年于温哥华

主要符号表

英文字母类符号

A	放大器增益
A_{21}	爱因斯坦自发发射系数($A_{21} = 8\pi h \upsilon_{21}^3 B_{21}/c^3$)
B	磁场
B_{12}	爱因斯坦受激吸收系数
B_{21}	爱因斯坦受激发射系数($B_{21} = B_{12}$)
c	自由空间中的光速
C	电容器件的电容值
C_B	布儒斯特常数(Brewster constant)
D	光探测器的探测率
D	光纤定向耦合器的方向性
D^*	光探测器的比探测率
e	电子电荷的大小($e = 1.6 \times 10^{-19}$ C)
E	电场
E	能级
E_0	电场的幅值
E_F	费米能量(或费米能级)(Fermi energy, Fermi level)
E_g	能带间隙
f	光波的波数(或空间频率)
f_c	光探测器的斩波频率
f_e	电子允许状态的占有概率
f_h	空穴允许状态的占有概率
F	垂直方向的作用力

g	激活介质的增益系数
g_{th}	阈值增益系数
h	普朗克常数（Planck constant，$h = 6.63 \times 10^{-34} \text{J} \cdot \text{s}$）
I	光波光强
I	光探测器的光电流
I_0	光波的光强振幅
J	电流密度
k	光波的传播常数
k	光纤陀螺仪的比例因子
$\boldsymbol{k}$	光波的传播矢量
k_B	玻耳兹曼常数（Boltzmann constant，$k_B = 1.38 \times 10^{-23} \text{JK}^{-1}$）
l	长度或距离
l_c	光源的相干长度
L_e	光纤定向耦合器的附加损耗
L_i	光纤定向耦合器的插入损耗
M	雪崩光电二极管的倍增因数
n	透明材料的折射率
n_e	单模光纤的有效折射率
n_{ex}，n_{ey}	$\text{HE}_{11}{}^x$ 模和 $\text{HE}_{11}{}^y$ 模的有效折射率
n_{ce}，n_{ve}	导带和价带的电子数
n_{vh}，n_{ch}	导带和价带的空穴数
N	能级的粒子密度
NA	光纤的数值孔径
NEP	噪声等效功率
OPD	光程差
OPL	光程长度
P	光功率
P	梯度折射率杆的倾角
Q	激光器腔 Q 因数

r	位置矢量
r_{63}	晶体的电光系数
R	光纤定向耦合器的耦合系数
R	反射面的反射率
R	电阻器件的阻值
$\Re$	光探测器的响应度
s	物体的速度
t_c	光源的相干时间
T	光波的时间周期
T_b	拍频信号的周期
T_m	调制信号的周期
V	电压
V	光纤的归一化频率
V	费尔德常数（Verdet constant）
V	干涉条纹或拍频信号的可见性（或对比度）

希腊字母类符号

α	光波的角频率调制速率
α	光学谐振器的平均损耗系数
β	半导体激光器的增益系数
β	运算放大器的开环增益
β	光纤中导模的传播常数
γ	时间相干性的复杂程度
Γ	自相干函数
Δ	光纤的相对折射率差
ε	介电常数
ζ	双折射率光纤的模耦合系数
ζ	电子空穴对对光电流的贡献比
η	双折射率光纤的耦合损耗系数

η	PZT 管光纤相位调制器的相位调制效率
η	光探测器的量子效率
θ_B	布拉格角（Bragg angle）
θ_c	光纤的临界接收角度
λ	介质中的光波长度
λ_0	光在自由空间中的中心波长
λ_0	光在自由空间中的波长
λ_c	光电二极管的截止波长
λ_s	合成波的波长
Λ	双折射光纤的拍长
Λ	声波的波长
ν	光波的频率
ν_b	拍频信号的频率
ν_D	多普勒频移（Doppler frequency shift）
ν_m	调制信号的频率
ν_s	合成波的频率
$\delta\nu$	光源的频率带宽
$\Delta\nu$	光源的频率调制偏移
ρ	辐射能量密度
σ	噪声的标准偏差
τ	相对参考光束的信号光束的延迟时间
τ	光波的传播时间
τ	光探测器的时间常数
υ	光在介质中的速度
ϕ	光波的相位
ϕ_0	光波的初始相位
ϕ_{b0}	拍频信号的初始相位
$\delta\phi_0$	光源的相位噪声
ω	光波的角频率

ω	激光束的横截面半径
ω_0	光中心角频率
ω_b	拍频信号的角频率
ω_D	多普勒角频率偏移（Doppler angular frequency shift）
ω_m	调制信号的角频率
$\Delta\omega$	光波的角频率调制偏移

目　录

第1章 光学调频连续波干涉介绍

光的干涉现象是由两个或多个光波叠加而产生的。油层在水面上的色谱图就是光学干涉的一个简单例子。光的干涉在科学发现和现代科技中发挥了突出作用。在 19 世纪早期，英国科学家托马斯·杨（Thomas Young）（1773 — 1829）进行了著名的双缝实验，进而建立了光的波动特性理论。5 年之后，美国物理学家阿尔伯特·A. 迈克尔逊（Albert A. Michelson）（1852 — 1931）和化学教授爱德华·W. 莫利（Edward W. Morley）（1838 — 1923）采用现在著名的迈克尔逊干涉仪证明了以太是不存在的，扫清了人们历时一个世纪的错误理解，同时开启了量子物理的新纪元。

如今，光学干涉仍然在如光谱学和计量学等诸多领域占有重要地位。以波长为尺度，许多物理量如光波波长、光折射率、距离、位移、速度、温度、压力、电场、磁场、振动振幅、旋转速度甚至包括引力波都能够被测量。

在物理光学中，我们系统地研究了相同频率光波之间的干涉（如零差干涉）和不同频率光波之间的干涉，例如塞曼激光器产生的光波或那些由一个或两个声光调制器在不同频率调制的光波（如外差干涉）。然而，因为缺少合适的调频连续波光源，我们从来没有讨论过频率被连续调制的光波之间的干涉（即调频连续波干涉）。这种情况一直持续到 20 世纪 80 年代早期，单模半导体激光器的发明结束了这种情况。光学调频连续波干涉的研究不仅拓展了我们对于光的特性的认识，更创造了一种用于精密测量的先进技术。

在接下来的两节中，将首先简短地讨论光学调频连续波干涉的发展历史，然后总结光学调频连续波干涉的基本特性。本章的目的是让读者在进一步阅读之前能够对这门新技术有一个整体的印象。

1.1　发展历史

调频连续波（FMCW）干涉测量于 20 世纪 50 年代首先在雷达领域展开研究，那时被称为调频连续波雷达。雷达（Radar）一词是无线电探测测距（Radio detection and ranging）的英文缩写。雷达通过无线电波的反射来定位远处目标的位置，如图 1 - 1 所示。

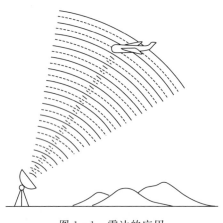

图 1 - 1　雷达的应用

FMCW 雷达的基本原理可以用图 1 - 2 来解释。一个由信号发生器产生的窄带宽无线电波用一个适当的波形（如三角波）进行调制。一小部分无线电波作为参考波被引入混频器；而大部分的电波都由一个发射天线朝着目标发射出去。返回来的信号波（即回波）由接收天线（也可以是同一个发射天线）接收，然后和参考波在混频器中相关混频产生一个时域信号（即拍频信号），其频率与信号波和频率调制波的传播时间有关。通过测量拍频信号的频率，就可以确定目标的距离。

采用光波的这种雷达系统通常被称为光学测距仪（即激光雷达，lidar）。FMCW 激光雷达的问题在于，现在可用的 FMCW 光源的相干长度太短（例如，商用单模半导体激光器的相干长度大约为

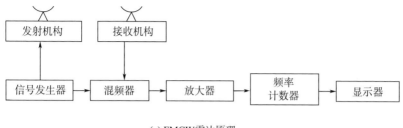

(a) FMCW雷达原理

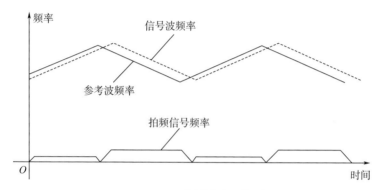

(b) FMCW雷达的频率–时间关系

图 1 - 2   调频连续波（FMCW）雷达

10 m）。然而，在大多数情况下，对于光学干涉仪来说，这样的相干长度已经足够了。考虑到 FMCW 干涉的其他优越特性，光学 FMCW 干涉已经引起了计量学界的极大兴趣。

1982 年，布赖恩·卡尔肖（Brian Culshaw）和伊恩·P. 贾尔斯（Ian P. Giles）发表了世界上第一篇关于光学 FMCW 干涉的论文[15]。从那之后，人们对光学 FMCW 干涉进行了大量的研究。尤其是随着光纤和光纤器件的发展，光纤 FMCW 干涉和光纤 FMCW 干涉传感器得到了快速发展。迄今为止，已经提出和证明了大量的光学 FMCW 干涉系统，其中一些已经得到了实际应用。

1.2　光学 FMCW 干涉及其特性

图 1-3 概要地表示了一个简单的光学 FMCW 干涉仪。除了光源是频率调制的半导体激光器之外，干涉仪的构造与经典平行束迈克尔逊干涉仪的构造完全相同。调频激光束首先由准直透镜准直，然后由分束器分成两束光线。信号光束沿着路径 l_2 传播，并由一个移动反射镜反射，同时，参考光束沿着路径 l_1 传播，然后由一个固定反射镜反射。这两束反射光由同一个分束器重新结合从而产生一个拍频信号，最后这个拍频信号被一个光电二极管探测。通过测量拍频信号的频率和相位，我们就可以计算出这个移动反射镜的距离、位移和速度。

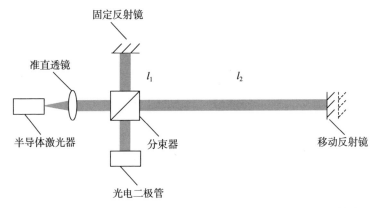

图 1-3　一个简单的光学 FMCW 干涉仪（固定反射镜，移动反射镜）

光学 FMCW 干涉有如下的主要特性，相对于零差或外差干涉来说，其中大部分都是优势：

1）光学 FMCW 干涉仪测量的通常是稳定或准稳定的目标，因此拍频信号的频率和相位可以被用来获取目标的信息。拍频信号的频率和目标的绝对位置相关，而初始相位的变化（即相移）同目标的相对位移有关。

2）具有测量绝对距离的能力非常重要，这样，在有意或者无意地中断电源之后，测量信息仍然可以得到恢复。

3）相位的测量分辨率通常比频率测量要高数千倍。因为光学FMCW干涉的信号是一个动态信号（一个关于时间的连续函数），相位的细分和辨向及整周期计数都会变得很容易。因此，和传统的光学干涉相比，光学FMCW干涉可以实现更高的测量精度和更大的测量范围。

4）光学FMCW干涉测量法相比FMCW雷达更具灵活性。该方法不仅可以简单地收发信号，而且可以使用各种功能型光学FMCW干涉仪（如迈克尔逊FMCW干涉仪，马赫-泽德FMCW干涉仪和法布里-珀罗FMCW干涉仪）实现光学FMCW干涉。

5）光学FMCW干涉适合构建光纤干涉仪和光纤干涉传感器。光纤是圆柱形的介质光波导，已经在图像传输和光通信领域得到了广泛应用，它提供了一种低噪声、低衰减、低损耗、长距离和高灵活性的光传播方式。光纤元件是小型的光学元件，能够实现多种功能（如分光、耦合、隔离、偏振等），这些操作的处理过程都是在光纤内部完成的。光纤和光纤元件在光学干涉中的应用能够使干涉仪更紧凑、可靠、灵活、精确。除此之外，利用光纤技术，可以开发更先进的探测技术和更复杂的干涉仪，甚至"固体"干涉仪（即全光纤干涉仪）。图1-4给出了光纤FMCW干涉仪的主要元件。

6）光纤FMCW干涉仪的另一个重要优势是多台光纤FMCW干涉仪可以组合成光纤FMCW干涉网络——多路复用光纤干涉仪。多路复用光纤干涉仪通常使用单个光源和单个光电探测器，但它可以同时测量多个不同的目标或不同的参数，从而可以降低单个干涉仪的成本。多路复用光纤干涉仪的另一个重要应用是网络中的一个或多个单独的干涉仪都可以用来测量环境条件（如温度）对网络的影响，因此环境变化引入的误差可以被动态地补偿，可以显著提高多路干涉仪的精度和长期稳定性。

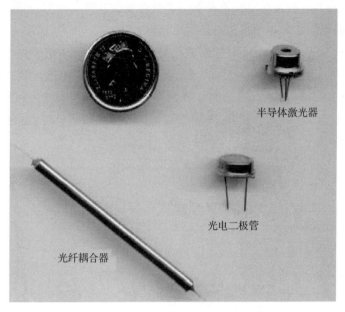

半导体激光器

光电二极管

光纤耦合器

图 1-4　光纤 FMCW 干涉仪的主要元件（作者摄）

第 2 章　光学调频连续波干涉原理

本章将首先回顾一些物理光学中的基本概念，然后介绍光学 FMCW 干涉的原理（包括锯齿波光学 FMCW 干涉、三角波光学 FMCW 干涉和正弦波光学 FMCW 干涉），最后讨论多光束光学 FMCW 干涉和多波长光学 FMCW 干涉。

2.1　物理光学概述

根据电磁理论，光波表现为一个振动的电磁场的传播。如果一个点光源的电磁场以单一频率在一个固定的方向上振动，那么这个振动的电场 $E(t)$ 可以表示为

$$
\begin{aligned}
E(t) &= E_0 \cos(\phi) \\
&= E_0 \cos(\omega t + \phi_0) \\
&= E_0 \cos(2\pi\nu t + \phi_0) \\
&= E_0 \cos\left(\frac{2\pi}{T}t + \phi_0\right)
\end{aligned} \tag{2-1}
$$

式中　E_0——振幅；

　　　ϕ——相位；

　　　t——时间；

　　　ϕ_0——初相位；

　　　ω——振动角频率（或时间角频率）；

　　　ν——振动频率（或时间频率）；

　　　T——振动周期（或时间周期）。

参数 ω、ν 和 T 的关系为

$$
\omega = 2\pi\nu = \frac{2\pi}{T} \tag{2-2}
$$

相应于空间中一点的线偏振单色波的电场（即波函数）$E(l, t)$ 可以表示为

$$
\begin{aligned}
E(l,t) &= E_0(l) \cos\left[\omega\left(t - \frac{l}{\upsilon}\right) + \phi_0\right] \\
&= E_0(l) \cos(\omega t - kl + \phi_0) \\
&= E_0(l) \cos(2\pi\nu t - 2\pi f l + \phi_0) \\
&= E_0(l) \cos\left(\frac{2\pi}{T}t - \frac{2\pi}{\lambda}l + \phi_0\right)
\end{aligned} \qquad (2-3)
$$

式中　$E_0(l)$ ——波振幅，它的值和传播距离成反比；

　　　l ——从点光源到所考虑的空间点的距离；

　　　ν ——波在介质中的传播速度；

　　　k ——传播常数（或空间角频率）；

　　　f ——波数（或空间频率）；

　　　λ ——波长（或空间周期）。

传播常数 k 与波数 f 和波长 λ 的关系为

$$
k = 2\pi f = \frac{2\pi}{\lambda} \qquad (2-4)
$$

时间和空间参数的关系为

$$
\lambda = T\upsilon \qquad (2-5)
$$

$$
\omega = k\upsilon \qquad (2-6)
$$

公式（2-3）表明，线偏振单色光波对于空间和时间都是周期性的。如果沿着时间坐标观察，时间周期为 T。如果沿着传播方向观察，空间周期等于 l。图 2-1 给出了在固定空间位置和固定时刻观察单色光波得到的波形。

为了方便起见，我们通常采用一个复数函数来表示光波的电场

$$
\begin{aligned}
E(l,t) &= E_0(l)\, \mathrm{e}^{\mathrm{j}\left[\omega\left(t - \frac{l}{\upsilon}\right) + \phi_0\right]} \\
&= E_0(l)\, \mathrm{e}^{\mathrm{j}(\omega t - kl + \phi_0)} \\
&= E_0(l)\, \mathrm{e}^{\mathrm{j}(2\pi\nu t - 2\pi f l + \phi_0)} \\
&= E_0(l)\, \mathrm{e}^{\mathrm{j}\left(\frac{2\pi}{T}t - \frac{2\pi}{\lambda}l + \phi_0\right)}
\end{aligned} \qquad (2-7)
$$

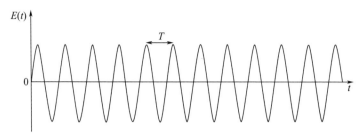

(a) 在固定空间位置处电场的波形

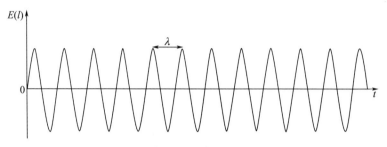

(b) 在固定时刻电场的波形

图 2-1 线偏振单色光波

必须指出的是，只有这个复数函数的实部代表真实的物理量。此外，我们通常把相位分量分解为空间分量和时间分量

$$E(l,t) = E_0(l)\,\mathrm{e}^{-\mathrm{j}(kl-\phi_0)}\,\mathrm{e}^{\mathrm{j}\omega t} \qquad (2-8)$$

带有空间分量的振幅称为复振幅 $E(l)$

$$E(l) = E_0(l)\,\mathrm{e}^{-\mathrm{j}(kl-\phi_0)} \qquad (2-9)$$

在物理光学中，我们处理的通常是相同频率的线偏振单色光波的叠加。在这种情况下，由于所有波的时间分量都是相同的，所以通常会省略掉时间分量而只考虑复振幅。例如，在各向同性的透明介质中，由无穷远处的单色光源或位于准直透镜焦点处的单色点光源发出的线偏振单色平面波的复振幅 $E(\boldsymbol{r})$ 如下式表示

$$E(\boldsymbol{r}) = E_0\,\mathrm{e}^{-\mathrm{j}(\boldsymbol{k}\cdot\boldsymbol{r}-\phi_0)} \qquad (2-10)$$

式中 $\boldsymbol{k}$ ——传播矢量；

　　r——位置矢量。

　　传播矢量指向波的传播方向，其大小等于传播常数 k。如果传播方向平行于 x 轴，复振幅将被化简为

$$E(x) = E_0\, e^{-j(kx - \phi_0)} \tag{2-11}$$

　　光波的辐照度（即光强）定义为光波在单位时间内穿过单位面积时的平均能量，并且已被证明和电场光强的平方的时间平均值成正比（通常由场强表示）

$$I(r,t) = <E(r,t)^2> \tag{2-12}$$

上式中"$< >$"表示比振动周期 T 长得多的一段时间内的时间平均值。如果多束光波在相同的方向上发生干涉，合成场的光强为

$$I(r,t) = <\left[\sum_{i=1}^{m} E_i(r,t)\right]^2> \tag{2-13}$$

上式中 i 为正整数，m 表示干涉光波的数量。

　　对于线偏振单色波来说，光强正比于电场振幅的平方，并通常用电场振幅来表示，因此光强可用它的复振幅来计算

$$I(r) = |E(r)|^2 \tag{2-14}$$

上式中 $|\ |$ 表示复数的模。如果一定数量的具有相同频率的单色光波发生干涉，由于合成的电场仍然是具有相同频率的单色波，合成波的光强可以由下式计算

$$I(r) = \left|\sum_{i=1}^{m} E_i(r)\right|^2 \tag{2-15}$$

显然，合成场光强图样（也称作干涉条纹）的光强分布在空间中是稳定的，因为它与时间无关。这种现象称作零差干涉（或单频干涉）。

　　例如，如果两束相同频率的线偏振单色平面波 $E_1(r)$ 和 $E_2(r)$ 发生干涉，合成场的光强可以表示为

$$I(r) = \left| E_1(r) + E_2(r) \right|^2$$
$$= [E_1(r) + E_2(r)][E_1(r) + E_2(r)]^*$$
$$= E_1(r)E_1^*(r) + E_2(r)E_2^*(r) + E_1(r)E_2^*(r) + E_1^*(r)E_2(r)$$
$$= E_{01}^2 + E_{02}^2 + 2E_{01}E_{02}\cos[(k_1 - k_2)\cdot r - (\phi_{01} - \phi_{02})]$$
$$= I_1 + I_2 + 2\sqrt{I_1 I_2}\cos[(k_1 - k_2)\cdot r - (\phi_{01} - \phi_{02})]$$

$$(2-16)$$

上式中，$E_1^*(r)$ 和 $E_2^*(r)$ 分别是 $E_1(r)$ 和 $E_2(r)$ 的复共轭，I_1 和 I_2 分别是这两个波的光强 $[I_1 = E_1(r)E_1^*(r) = E_{01}^2$，$I_2 = E_2(r)E_2^*(r) = E_{02}^2]$。$k_1$ 和 ϕ_{01} 分别表示第一个波的传播矢量和初始相位，k_2 和 ϕ_{02} 表示第二个波的传播矢量和初始相位。

　　显然，干涉的效果由公式的第三项表示。如果这两个平面波的初始相位是随机的并且相互独立（即非相干），那么 $(\phi_{01} - \phi_{02})$ 的时间平均将会产生一个 0 系数，并且将不会产生明显的干涉效应

$$I(r) = I_1 + I_2 \qquad (2-17)$$

　　如果两个平面波的初始相位是相关的，那么合成场的光强可如下表示

$$I(r) = I_1 + I_2 + 2\sqrt{I_1 I_2}\cos[(k_1 - k_2)\cdot r - (\phi_{01} - \phi_{02})]$$
$$= I_0\{1 + V\cos[(k_1 - k_2)\cdot r - (\phi_{01} - \phi_{02})]\}$$

$$(2-18)$$

上式中，I_0 为合成场的平均光强，其值由下式得出

$$I_0 = I_1 + I_2 \qquad (2-19)$$

V 表示条纹的可见度（或对比度），其值由下式得出

$$V = \frac{2\sqrt{I_1 I_2}}{I_1 + I_2} \qquad (2-20)$$

　　条纹的可见度同样也可以由标准公式计算得出

$$V = \frac{I_{max} - I_{min}}{I_{max} + I_{min}} \qquad (2-21)$$

上式中，I_{max} 和 I_{min} 分别为合成场的最大和最小光强。条纹可见度的值在 0 到 1 之间。当两个波的光强相等时，条纹可见度的值最大。

尤其是当两个平面波沿着相同的方向传播时，如沿着 x 轴传播，合成场的光强为

$$I = I_0 [1 + V\cos(\phi_{02} - \phi_{01})] \qquad (2-22)$$

如果这两个平面波来自同一个光源并沿不同光路传播后相遇，合成场的光强为

$$\begin{aligned} I(l_1, l_2) &= I_0 [1 + V\cos(kl_2 - kl_1)] \\ &= I_0 [1 + V\cos(k\Delta l)] \\ &= I_0 [1 + V\cos(k_0 n\Delta l)] \end{aligned} \qquad (2-23)$$

上式中，l_1 和 l_2 是两个平面波走过的几何路径的长度，Δl 为几何路径差（$\Delta l = l_2 - l_1$），n 为介质的折射率，k_0 为光在自由空间中的传播常数。通常，合成场的光强被重新写为以下形式

$$\begin{aligned} I(OPD) &= I_0 [1 + V\cos(k_0 n l_2 - k_0 n l_1)] \\ &= I_0 [1 + V\cos(k_0 OPL_2 - k_0 OPL_1)] \\ &= I_0 [1 + V\cos(k_0 OPD)] \\ &= I_0 \left[1 + V\cos\left(\frac{2\pi}{\lambda_0} OPD\right)\right] \end{aligned}$$
$$(2-24)$$

上式中，OPL_1 和 OPL_2 为两个平面波通过的光程（$OPL_1 = nl_1$，$OPL_2 = nl_2$），λ_0 为光在自由空间中的波长，OPD 为两个光波的光程差，并由下式给出

$$OPD = OPL_2 - OPL_1 = n\Delta l \qquad (2-25)$$

图 2-2 所示为式（2-24）最后一个表达式的波形。显然，当 $OPD = m\lambda_0$（m 为一整数）时，合成场的光强达到最大值。

如果两个相干单色平面波 $E_1(\boldsymbol{r}, t)$ 和 $E_2(\boldsymbol{r}, t)$ 具有不同的频率，例如由同一个塞曼激光器发出的两个光波或使用以不同频率工作的一个或两个布拉格声光调制器调制的光波，电场的表达式应该同时含有空间项和时间项

$$E_1(\boldsymbol{r}, t) = E_{01} e^{j(\omega_1 t - \boldsymbol{k}_1 \cdot \boldsymbol{r} - \phi_{01})} \qquad (2-26)$$

$$E_2(\boldsymbol{r}, t) = E_{02} e^{j(\omega_2 t - \boldsymbol{k}_2 \cdot \boldsymbol{r} - \phi_{02})} \qquad (2-27)$$

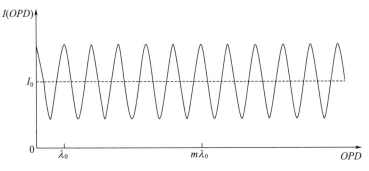

图 2－2　零差干涉的干涉条纹

上式中，ω_1 和 $\boldsymbol{k}_1$ 分别为第一个光波的角频率和传播矢量，ω_2 和 $\boldsymbol{k}_2$ 分别为第二个光波的角频率和传播矢量。如果这两束光干涉，则会产生电场

$$E(\boldsymbol{r},t)=E_1(\boldsymbol{r},t)+E_2(\boldsymbol{r},t)$$

$$=2E_{01}\cos\left(\frac{\omega_2-\omega_1}{2}t-\frac{\boldsymbol{k}_2-\boldsymbol{k}_1}{2}\cdot\boldsymbol{r}+\frac{\phi_{02}-\phi_{01}}{2}\right)$$

$$\mathrm{e}^{\mathrm{j}\left(\frac{\omega_2+\omega_1}{2}t-\frac{\boldsymbol{k}_2+\boldsymbol{k}_1}{2}\cdot\boldsymbol{r}+\frac{\phi_{02}+\phi_{01}}{2}\right)}$$

$$(2-28)$$

在上式中，为简单起见，假设 $E_{01}=E_{02}$。这个合成波可以当作一个准单色平面波来处理，它的角频率等于 $(\omega_1+\omega_2)/2$，传播常数等于 $(k_1+k_2)/2$，初始相位等于 $(\phi_{01}+\phi_{02})/2$，幅度由一个频率为 $(\omega_2-\omega_1)/2$ 的低频余弦函数调制。因此，所产生的合成场的光强为

$$I(\boldsymbol{r},t)=\left[2E_{01}\cos\left(\frac{\omega_2-\omega_1}{2}t-\frac{\boldsymbol{k}_2-\boldsymbol{k}_1}{2}\cdot\boldsymbol{r}+\frac{\phi_{02}-\phi_{01}}{2}\right)\right]^2$$

$$=2E_{01}{}^2\{1+\cos[(\omega_2-\omega_1)t-(\boldsymbol{k}_2-\boldsymbol{k}_1)\cdot\boldsymbol{r}+(\phi_{02}-\phi_{01})]\}$$

$$=I_0\{1+\cos[(\omega_2-\omega_1)t-(\boldsymbol{k}_2-\boldsymbol{k}_1)\cdot\boldsymbol{r}+(\phi_{02}-\phi_{01})]\}$$

$$(2-29)$$

上式中，I_0 为电场的平均光强（$I_0=2E_{01}{}^2$）。显然，这时的电场光强含有时间项。这种现象称为"外差干涉"（即双频干涉）。

如果这两个平面波沿相同方向传播（如 x 轴），那么所产生的光

强为

$$I(x,t)=I_0\{1+\cos[(\omega_2-\omega_1)t-(k_2-k_1)x+(\phi_{02}-\phi_{01})]\}$$

$$(2-30)$$

其中，k_1 和 k_2 为两个光波的传播常数。由于在这种情况下，合成场的光强是空间和时间的函数，所以无法观测到干涉条纹。然而，如果在垂直于 x 轴的平面上放置一个光电探测器，那么就可以获得一个时间信号（即拍频信号）

$$\begin{aligned}I(x,t)&=I_0[1+\cos(\omega_b t+\phi_{b0})]\\&=I_0[1+\cos(2\pi\nu_b t+\phi_{b0})]\\&=I_0\left[1+\cos\left(\frac{2\pi}{T_b}t+\phi_{b0}\right)\right]\end{aligned}$$

$$(2-31)$$

上式中 ω_b 是拍频信号的角频率（$\omega_b=\omega_2-\omega_1$），$\phi_{b0}$ 为拍频信号的初始相位 $[\phi_{b0}=(\phi_{02}-\phi_{01})-(k_2-k_1)x]$，$\nu_b$ 为拍频信号的频率（$\nu_b=\omega_b/2\pi$），T_b 为拍频信号的周期（$T_b=2\pi/\omega_b$），信号波形如图 2-3 所示。

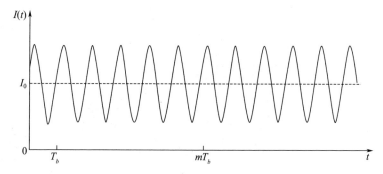

图 2-3 光学外差干涉的拍频信号

需要注意的是，两个不同频率光波的合成波，其光强也可以用它们的复波函数直接计算

$$I(\boldsymbol{r},t) = |E(\boldsymbol{r},t)|$$

$$= [E_1(\boldsymbol{r},t) + E_2(\boldsymbol{r},t)][E_1(\boldsymbol{r},t) + E_2(\boldsymbol{r},t)]^*$$

$$= E_1(\boldsymbol{r},t)E_1^*(\boldsymbol{r},t) + E_2(\boldsymbol{r},t)E_2^*(\boldsymbol{r},t) + E_1(\boldsymbol{r},t)E_2^*(\boldsymbol{r},t) +$$

$$\quad E_1^*(\boldsymbol{r},t)E_2(\boldsymbol{r},t)$$

$$= E_{01}^2 + E_{02}^2 + 2E_{01}E_{02}\cos[(\omega_2 - \omega_1)t - (\boldsymbol{k}_2 - \boldsymbol{k}_1)x + (\phi_{02} - \phi_{01})]$$

$$= I_1 + I_2 + 2\sqrt{I_1 + I_2}\cos[(\omega_2 - \omega_1)t - (\boldsymbol{k}_2 - \boldsymbol{k}_1)x + (\phi_{02} - \phi_{01})]$$

$$= I_0\{1 + V\cos[(\omega_2 - \omega_1)t - (\boldsymbol{k}_2 - \boldsymbol{k}_1)x + (\phi_{02} - \phi_{01})]\}$$

$$(2-32)$$

　　这种简单的光强计算方法也将被应用于光学 FMCW 干涉，这将在后面讨论。

2.2 　光学 FMCW 干涉[①]

　　顾名思义，光学调频连续波就是频率（或角频率）被连续调制的光波。需要指出的是，由于光学 FMCW 波的频率不是常数，频率不再是传统意义上的表示周期性的参数，因此必须给出另一个定义。

　　无论如何，FMCW 光源的振动电场仍然包括振幅和相位分量，但相位分量是关于时间的非线性函数。如果我们把相位的导数定义为角频率 $\omega(t)$

$$\omega(t) = \frac{\mathrm{d}\phi(t)}{\mathrm{d}t} \qquad (2-33)$$

相位分量 $\phi(t)$ 可以写成

$$\phi(t) = \int_0^t \omega(t)\mathrm{d}t + \phi_0 \qquad (2-34)$$

ϕ_0 为光源的初始相位。振动电场为

$$E(t) = E_0 \mathrm{e}^{\mathrm{j}\phi(t)} \qquad (2-35)$$

──────────

　　① 本节来自作者论文 [107]：Jesse Zheng，"Analysis of optical frequency - modulated continuous - wave interference," Applied Optics，Vol. 43，No. 21，pp. 4189 - 4198，© 2004 Optical Society of America.

E_0 为光源的幅值。

在调制角频率较小的情况下（$\Delta\omega \ll \omega_0$），介质的色散可以忽略不计，因此光学 FMCW 波函数可以写作

$$E(l,t) = E_0 e^{j\phi\left(t-\frac{l}{v}\right)} \qquad (2-36)$$

式中，l 为光源到所考虑的点之间的距离，v 为光在介质中传播的速度。通常，光学 FMCW 波函数可以被重写为

$$E(\tau,t) = E_0 e^{j\phi(t-\tau)} \qquad (2-37)$$

式中，τ 是光波从光源到所考虑的点之间的传播时间，如下表示

$$\tau = \frac{l}{v} = \frac{nl}{c} \qquad (2-38)$$

式中，n 为介质的折射率，c 为自由空间中的光速。

图 2-4 表示的分别是在固定位置和固定时间检测到的光学 FMCW 波的波形。显然，在时间坐标和空间坐标中，不同的脉冲有不同的周期。换句话说，在时域和空域中都没有固定的周期或固定的频率。

如前所述，线性偏振光学 FMCW 波的光强也可以如下式表示

$$I = <E(\tau,t)^2>$$
$$= |E(\tau,t)|^2 \qquad (2-39)$$

如果多个光学 FMCW 波重新结合产生干涉，那么合成场（也称拍频信号）的光强为

$$I(\tau_1,\cdots\tau_i,\cdots,t) = <\left[\sum_{i=1}^{m} E_i(\tau_i,t)\right]^2>$$
$$= \left|\sum_{i=1}^{m} E_i(\tau_i,t)\right|^2 \qquad (2-40)$$

例如，如果两个线性偏振光学 FMCW 平面波 $E_1(\tau_1,t)$ 和 $E_2(\tau_2,t)$ 发生干涉，那么合成场的光强可写作

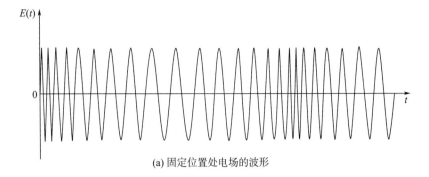

(a) 固定位置处电场的波形

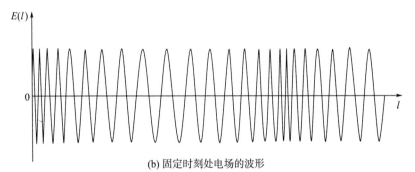

(b) 固定时刻处电场的波形

图 2 - 4　光学调频连续波的波形

$$
\begin{aligned}
I(\tau_1, \tau_2, t) &= |E_1(\tau_1, t) + E_2(\tau_2, t)|^2 \\
&= [E_1(\tau_1, t) + E_2(\tau_2, t)][E_1(\tau_1, t) + E_2(\tau_2, t)]^* \\
&= E_1(\tau_1, t)E_1^*(\tau_1, t) + E_2(\tau_2, t)E_2^*(\tau_2, t) + \\
&\quad E_1(\tau_1, t)E_2^*(\tau_2, t) + E_1^*(\tau_1, t)E_2(\tau_2, t) \\
&= E_{01}^2 + E_{02}^2 + 2E_{01}E_{02}\cos[\phi(t-\tau_1) - \phi(t-\tau_2)] \\
&= I_1 + I_2 + 2\sqrt{I_1 I_2}\cos[\phi(t-\tau_1) - \phi(t-\tau_2)]
\end{aligned}
$$

$$(2-41)$$

$E_1^*(\tau_1, t)$ 和 $E_2^*(\tau_2, t)$ 分别为 $E_1(\tau_1, t)$ 和 $E_2(\tau_2, t)$ 的复共轭。I_1、E_{01} 和 τ_1 分别为第一个光波的光强、振幅和传播时间 $[I_1 = E_1(\tau_1, t)E_1^*(\tau_1, t) = E_{01}^2]$；$I_2$、$E_{02}$ 和 τ_2 分别为第二个光波的光强、振幅和传播时间 $[I_2 = E_2(\tau_2, t)E_2^*(\tau_2, t) = E_{02}^2]$。

　　类似地，如果两个光波的初始相位是随机的并且相互独立，那么就无法看到可见的干涉效应，因为 $[\phi(t-\tau_1)-\phi(t-\tau_2)]$ 的时间平均会产生一个 0 系数。如果两个光波的初始相位相关（例如，两个光波源自同一个相干 FMCW 光源，但是在它们相遇之前分别沿着不同的路径传播），那么所得合成场的光强为

$$I(\tau_1,\tau_2,t)=I_0\{1+V\cos[\phi(t-\tau_1)-\phi(t-\tau_2)]\}$$

$$(2-42)$$

其中，I_0 为合成场的平均光强（$I_0=I_1+I_2$），V 是拍频信号的对比度 $[V=2\sqrt{I_1 I_2}/(I_1+I_2)]$。由于 $\phi(t-\tau_1)-\phi(t-\tau_2)=\phi(t-\tau_1)-\phi[(t-\tau_1)-(\tau_2-\tau_1)]$，如果我们将时间坐标的原点偏移 τ_1，合成场的光强为

$$I(\tau,t)=I_0\{1+V\cos[\phi(t)-\phi(t-\tau)]\} \qquad (2-43)$$

其中，τ 为第二个光波（通常称为信号波）相对于第一个光波（通常称为参考波）的时间延迟，由下式给出

$$\tau=\tau_2-\tau_1 \qquad (2-44)$$

　　光学 FMCW 干涉和光学外差干涉的相似之处在于，二者合成场的光强都与空间和时间坐标相关。为了得到可用的信号，我们需要一个将光信号转化为电信号的光电探测器。此外，由于实际的光电探测器探测表面的面积和形状（一般为平面）是固定的，为了获得具有最佳对比度的信号，还需要设计适当的光路。因此，在实际中，我们总是让光学 FMCW 波在干涉时准直并平行，并将光电探测器置于与光波传播方向垂直的平面内，以实现对拍频信号的探测。

　　光学 FMCW 干涉和光学外差干涉的不同点在于，光学 FMCW 拍频信号通常比光学外差干涉的拍频信号更复杂。前者是一个复杂的周期性函数，而后者是一个单频的正弦函数。另一方面，光学 FMCW 拍频信号所包含的信息多于光学外差拍频信号，因为光学 FMCW 拍频信号的频率也与延迟时间或光程差有关。

　　用于调制光学 FMCW 波频率（或角频率）的波形有很多种，前提是其必须是周期信号，这样光波的频率才会被连续调制。频率调

制波形的其他约束条件包括：波形应该易于产生，并且产生的拍频信号应该易于处理。在下面的几个小节中，我们将讨论三种具有不同波形的光学 FMCW 干涉：锯齿波、三角波和正弦波。

2.2.1 锯齿波光学 FMCW 干涉

如果来自同一个相干光源的两个光波，它们的角频率由一个锯齿波进行调制，沿着不同的路径传播最后在空间相交于一点，那么它们将发生干涉。这两个干涉波的角频率波形和产生的拍频信号的波形可以由图 2-5 表示，图中的实线表示参考波的角频率，虚线表示信号波的角频率，点虚线表示产生的拍频信号的角频率。

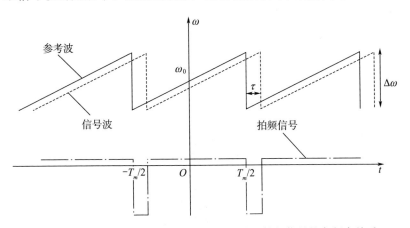

图 2-5 锯齿波 FMCW 调制产生的干涉波和拍频信号的角频率关系

参考波的角频率 $\omega_1(t)$ 在时间 $(-T_m/2+\tau, T_m/2)$ 内可写为

$$\omega_1(t) = \alpha t + \omega_0 \qquad (2-45)$$

其中，ω_0 表示调制周期中心的角频率（或称中心角频率）。α 是角频率调制率，由下式给出

$$\alpha = \frac{\Delta\omega}{T_m} \qquad (2-46)$$

其中，$\Delta\omega$ 是角频率的调制范围，T_m 是调制信号的周期（即调制周期），参考波的相位 $\phi_1(t)$ 可写为

$$\phi_1(t) = \frac{1}{2}\alpha t^2 + \omega_0 t + \phi_0 \qquad (2-47)$$

其中，ϕ_0 是光源的初始相位。参考波的波函数 $E_1(t)$ 可写为

$$E_1(t) = E_{01} e^{j\left(\frac{1}{2}\alpha t^2 + \omega_0 t + \phi_0\right)} \qquad (2-48)$$

其中，E_{01} 为参考波的电场振幅。

相似地，对于信号波，角频率 $\omega_2(t)$、相位 $\phi_2(t)$ 和波函数 $E_2(\tau,t)$ 可分别写为

$$\omega_2(\tau,t) = \alpha(t-\tau) + \omega_0 \qquad (2-49)$$

$$\phi_2(\tau,t) = \frac{1}{2}\alpha(t-\tau)^2 + \omega_0(t-\tau) + \phi_0 \qquad (2-50)$$

$$E_2(\tau,t) = E_{02} e^{j\left[\frac{1}{2}\alpha(t-\tau)^2 + \omega_0(t-\tau) + \phi_0\right]} \qquad (2-51)$$

其中，E_{02} 为信号波的电场振幅，τ 为信号波相对于参考波的延迟时间。

当这两个波发生干涉时，合成场的光强 $I(\tau,t)$（即拍频信号）由以下公式给出

$$
\begin{aligned}
I(\tau,t) &= |E_1(t) + E_2(t)|^2 \\
&= [E_1(t) + E_2(t)][E_1(t) + E_2(t)]^* \\
&= E_1(t)E_1^*(t) + E_2(t)E_2^*(t) + E_1(t)E_2^*(t) + E_1^*(t)E_2(t) \\
&= E_{01}^2 + E_{02}^2 + 2E_{01}E_{02}\cos\left(\alpha\tau t + \omega_0 - \frac{\alpha\tau^2}{2}\right) \\
&= I_1 + I_2 + 2\sqrt{I_1 I_2}\cos\left(\alpha\tau t + \omega_0 - \frac{\alpha\tau^2}{2}\right) \\
&= I_0\left[1 + V\cos\left(\alpha\tau t + \omega_0 - \frac{\alpha\tau^2}{2}\right)\right]
\end{aligned}
$$

$$(2-52)$$

其中，I_1 和 I_2 分别为参考波和信号波的光强（$I_1 = E_{01}^2$，$I_2 = E_{02}^2$），I_0 为拍频信号的平均光强（$I_0 = I_1 + I_2$），V 为拍频信号的对比度 $[V = 2\sqrt{I_1 I_2}/(I_1 + I_2)]$。

实际上，由于现有的 FMCW 光源的相干长度和调频范围的限制（例如，商用单模半导体激光器的相干长度大约为 10 m，频率调制

范围小于 100 GHz)，$\tau < 3 \times 10^{-8}$ s，$\alpha \approx \omega_0$。因此，上述公式中的二阶小量 $(\alpha \tau^2 / 2)$ 通常可以忽略，并将其视为系统误差。拍频信号可以被简化为

$$I(\tau, t) = I_0 [1 + V \cos(\alpha \tau t + \omega_0 \tau)] \qquad (2-53)$$
$$= I_0 [1 + V \cos(\omega_b t + \phi_{b0})]$$

其中，ω_b 为拍频信号的角频率

$$\omega_b = \alpha \tau \qquad (2-54)$$

ϕ_{b0} 为拍频信号的初始相位

$$\phi_{b0} = \omega_0 \tau \qquad (2-55)$$

在时间区间 $(-T_m/2, -T_m/2 + \tau)$ 中，参考波的角频率、相位和波函数仍然可以分别由式（2-45）、式（2-47）和式（2-48）描述。然而，信号波的相应参数将变成

$$\omega_2(\tau, t) = \alpha [t - (\tau - T_m)] + \omega_0 \qquad (2-56)$$

$$\phi_2(\tau, t) = \frac{1}{2} \alpha [t - (\tau - T_m)]^2 + \omega_0 [t - (\tau - T_m)] + \phi_0$$
$$(2-57)$$

$$E_2(\tau, t) = E_{02} e^{j\left\{ \frac{1}{2}\alpha [t-(\tau-T_m)]^2 + \omega_0 [t-(\tau-T_m)] + \phi_0 \right\}} \qquad (2-58)$$

时间区间 $(-T_m/2, -T_m/2 + \tau)$ 内的拍频信号将变成

$$I(\tau, t) = I_0 \left\{ 1 + V \cos \left[\phi(\tau - T_m) t + \omega_0(\tau - T_m) - \frac{1}{2}\alpha (\tau - T_m)^2 \right] \right\}$$
$$(2-59)$$

拍频信号在时间区间 $(-T_m/2, -T_m/2 + \tau)$ 内的角频率等于

$$\omega_b = \alpha (\tau - T_m) \qquad (2-60)$$

由于在实际中，$\tau \leqslant 3 \times 10^{-8}$ s，$\omega_b = 1 \times 10^{11}$ rad·Hz，现有的光电探测器不能在这么短的时间内识别如此高的频率，只能给出在时间 $(-T_m/2, -T_m/2 + \tau)$ 内的一个平均光强。因此在整个调制周期 $(-T_m/2, -T_m/2)$ 内，拍频信号可以近似地表示为

$$I(\tau, t) = I_0 [1 + V \cos(\alpha \tau t + \omega_0 \tau)] \qquad (2-53)$$
$$= I_0 [1 + V \cos(\omega_b t + \phi_{b0})]$$

拍频信号在整个时域 $(-\infty, +\infty)$ 上可以表示为

$$I(\tau, t) = I_0 \left\{ 1 + \left[V\cos(\alpha\tau t + \omega_0\tau) \, \text{rect}_{T_m}(t) \otimes \sum_{m=-\infty}^{\infty} \delta(t - mT_m) \right] \right\}$$

$$= I_0 \left\{ 1 + \left[V\cos(\omega_b t + \phi_{b0}) \, \text{rect}_{T_m}(t) \otimes \sum_{m=-\infty}^{\infty} \delta(t - mT_m) \right] \right\}$$

$$(2-61)$$

其中，$\otimes$ 表示卷积运算，m 是一个整数，函数 rect_T 定义为

$$\text{rect}_T \begin{cases} 1 & |t| \leqslant T/2 \\ 0 & |t| > T/2 \end{cases} \qquad (2-62)$$

在物理光学中，我们通常使用频率、波长和光程差来描述光波和光学干涉现象。因此，在每个调制周期内拍频信号可以改写为

$$I(OPD, t) = I_0 \left[1 + V\cos\left(\frac{2\pi\Delta\nu\nu_m OPD}{c} t + \frac{2\pi}{\lambda_0} OPD \right) \right]$$

$$= I_0 [1 + V\cos(2\pi\nu_b t + \phi_{b0})]$$

$$(2-63)$$

其中，$\Delta\nu$ 是光频调制范围（$\Delta\nu = \Delta\omega/2\pi$），$\Delta\nu$ 为调制信号的频率（或称调制频率）（$\nu_m = 1/T_m$），OPD 为光程差（$OPD = c\tau$），c 为自由空间中的光速，λ_0 为光在自由空间中的中心波长（$\lambda_0 = 2\pi c/\omega_0$），$\nu_b$ 和 ϕ_{b0} 分别为拍频信号的频率和初始相位

$$\nu_b = \frac{\alpha OPD}{2\pi c} = \frac{\Delta\nu\nu_m OPD}{c} \qquad (2-64)$$

$$\phi_{b0} = \frac{\omega_0 OPD}{c} = k_0 OPD = \frac{2\pi OPD}{\lambda_0} \qquad (2-65)$$

其中，k_0 为光在自由空间中的中心传播常数（$k_0 = \omega_0/c$）。最终，拍频信号在整个时域上的光强可重新写为

$$I(OPD, t)$$

$$= I_0 \left\{ 1 + \left[V\cos\left(\frac{2\pi\Delta\nu\nu_m OPD}{c} t + \frac{2\pi}{\lambda_0} OPD \right) \text{rect}_{T_m}(t) \otimes \sum_{m=-\infty}^{\infty} \delta(t - mT_m) \right] \right\}$$

$$= I_0 \left\{ 1 + \left[V\cos(\omega_b t + \phi_{b0}) \, \text{rect}_{T_m}(t) \otimes \sum_{m=-\infty}^{\infty} \delta(t - mT_m) \right] \right\}$$

$$(2-66)$$

公式（2-65）表明，如果 OPD 改变一个波长，那么拍频信号将偏移一个周期。这看起来似乎和光学零差干涉的信号相同，但是实际上它们是完全不同的。光学 FMCW 拍频信号是一个动态变化的信号（即随时间连续变化），因此，相位细分、辨别相位移动方向和整周期计数都要比静态条纹容易很多。光学 FMCW 拍频信号与光学外差干涉也不相同，光学 FMCW 拍频信号的角频率正比于 OPD，因此还可以用于确定 OPD 的绝对值。

图 2-6 表示的是由锯齿波调制的两束相干 FMCW 光波产生的拍频信号的波形。需要注意，拍频信号的相位在调制周期的连接处通常是不连续的，除非拍频频率恰好是调制频率的整数倍。这表明，拍频信号通常不是一个规则的正弦波。

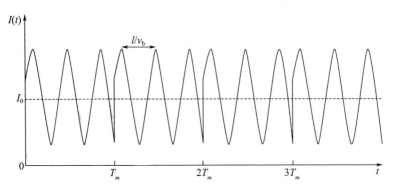

图 2-6　由锯齿波调制的两束相干 FMCW 光波产生的拍频信号的波形

图 2-7 的照片显示的是马赫-泽德 FMCW 干涉仪的实际信号，单模半导体激光器作为光源，其频率由锯齿波调制（见 6.3 节）。上方的波形是半导体激光器的驱动电流的波形，代表了光频的变化。下方是产生的拍频信号的波形。拍频信号振幅的微小变化是由于半导体激光器伴随的光强调制造成的。

到目前为止，两个干涉光波之间的时延都假设是不变的。如果时延 $\tau(t)$ 随时间变化，在每个调制周期，探测信号 $I'(\tau, t)$ 为

$$I'(\tau, t) = I_0 \{ 1 + V\cos[\alpha\tau(t)t + \omega_0\tau(t)] \} \qquad (2-67)$$

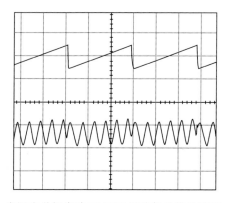

图 2-7　实际光学锯齿波 FMCW 干涉仪的信号波形（作者摄）

探测信号的角频率 ω_b' 为

$$
\begin{aligned}
\omega_b' &= \frac{\mathrm{d}}{\mathrm{d}t}\left[\alpha\tau(t)t + \omega_0\tau(t)\right] \\
&= \alpha\tau(t) + (\omega_0 + \alpha t)\frac{\mathrm{d}\tau(t)}{\mathrm{d}t} \\
&= \omega_b + \omega_D
\end{aligned}
\tag{2-68}
$$

其中，ω_b 为拍频信号的真实角频率，ω_D 为多普勒频移角频率，多普勒频移角频率由以下公式给出

$$
\omega_D = (\omega_0 + \alpha t)\frac{\mathrm{d}\tau(t)}{\mathrm{d}t}
\tag{2-69}
$$

需要注意，多普勒频移是时间的函数，但是其均值 $\overline{\omega_D}$ 等于

$$
\overline{\omega_D} = \omega_0\frac{\mathrm{d}\tau(t)}{\mathrm{d}t}
\tag{2-70}
$$

公式（2-68）表明，测量信号的角频率包含了两部分：一部分来自于光学 FMCW 干涉，和时延 τ 有关；另一部分来自于多普勒效应，和时延变化量有关。图 2-8 给出了当时延变化时两个发生干涉的光波和测量信号的角频率波形。

相似地，在频率、波长和光程差方面，多普勒频移均值 $\overline{\nu_D}$ 可写为

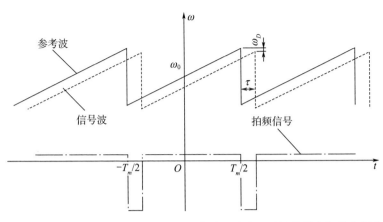

图 2 - 8　在锯齿波 FMCW 干涉中当时延变化时干涉光和测量信号之间的角频率关系

$$\overline{\nu_D} = \frac{1}{\lambda_0} \frac{\mathrm{d}OPD(t)}{\mathrm{d}t} \qquad (2-71)$$

其中，λ_0 是自由空间中的中心波长。如果信号波是从一个移动目标上反射回来的反射波，那么多普勒频移均值为

$$\overline{\nu_D} = \frac{2n}{\lambda_0} s \qquad (2-72)$$

上式中，s 为目标移动的速度，n 为介质的折射率。

　　多普勒效应在拍频频率测量中引入了误差，因此锯齿波 FMCW 干涉只适合对固定 OPD 或缓变 OPD 进行测量。

2.2.2　三角波光学 FMCW 干涉

　　如图 2 - 9 所示，为方便起见，将三角波调制信号的周期定义为 $2T_m$，并将每一个周期分成两部分，分别为上升段和下降段。当两个相干三角波 FMCW 波发生干涉时，在上升段中，合成场的光强 $I_r(\tau, t)$、拍频频率 ω_{br}、初始相位 ϕ_{b0r} 和锯齿波 FMCW 干涉相应参量相同。

$$I_r(\tau, t) = I_0 [1 + V\cos(\alpha\tau t + \omega_0\tau)] \qquad (2-73)$$

$$\omega_{br} = \alpha\tau \qquad (2-74)$$

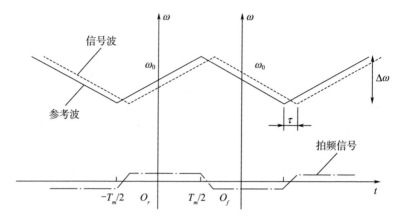

图 2 - 9　三角波 FMCW 干涉中干涉波与拍频信号的角频率关系

$$\phi_{b0r} = \omega_0 \tau \qquad\qquad (2-75)$$

α 为角频率在上升段的调制率（$\alpha \geqslant 0$），ω_0 为上升段的中心角频率。然而，在下降段中由于三角波调制率为负，合成场的光强 $I_f(\tau, t)$、拍频频率 ω_{bf} 和初始相位 ϕ_{b0f} 变为

$$I_f(\tau, t) = I_0 [1 + V\cos(-\alpha\tau t + \omega_0\tau)] \qquad (2-76)$$

$$\omega_{bf} = -\alpha\tau \qquad\qquad (2-77)$$

$$\phi_{b0f} = \omega_0\tau \qquad\qquad (2-78)$$

需要注意，公式（2-73）和（2-74）在时域坐标轴的坐标原点不同。

通常，我们识别不出角频率的正负，但是我们可以测量角频率的绝对值。因此，通过测量上升或下降时周期拍频信号的角频率我们就可以计算出两个相干波的延迟时间（$|\omega_{br}| = |\omega_{bf}| = \alpha\tau$）。

相干三角波调制 FMCW 波产生的拍频信号波形如图 2-10 所示。可见，拍频信号的相位在相邻周期连接点位置总是连续，但是延迟时间变化时，上升段和下降段的相位移动方向相反。图 2-11 为实际的拍频信号，该信号由频率三角波调制的单模半导体激光照射的马赫-泽德 FMCW 干涉仪产生。上方信号是半导体激光器驱动电流的波形，下方信号是所产生拍频信号的波形。

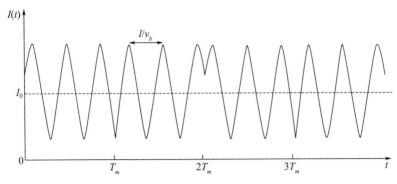

图 2 - 10　由两个相干三角波调制的 FMCW 波产生的拍频信号波形

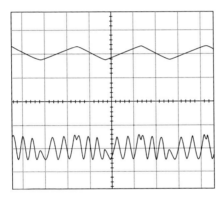

图 2 - 11　光学三角波 FMCW 干涉仪的信号波形（作者摄）

如果延迟时间不断变化，由式（2 - 73）和式（2 - 76），我们可以计算出测量信号在上升段的平均角频率 $\overline{\omega_{br}{}'}$

$$\overline{\omega_{br}{}'} = \omega_b + \overline{\omega_D} \qquad (2 - 79)$$

$\overline{\omega_D}$ 为多普勒频移的均值（$\overline{\omega_D} = \omega_0 \mathrm{d}\tau(t)/\mathrm{d}t$），测量信号在下降段的角频率等于

$$\overline{\omega_{bf}{}'} = \overline{\omega_D} - \omega_b \qquad (2 - 80)$$

图 2 - 12 显示了当延迟时间不断变化时，两个干涉三角波调制 FMCW 波和其干涉产生信号的波形。

由于 $\overline{\omega_{bf}'}$ 为负，公式（2-80）可修改为

$$|\overline{\omega_{bf}'}| = \omega_b - \overline{\omega_D} \qquad (2-81)$$

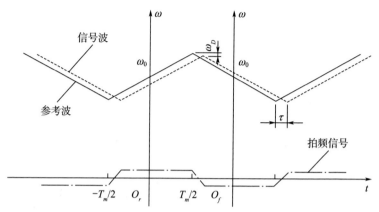

图 2-12　当延迟时间不断变化时两个干涉三角波 FMCW 波和
其干涉产生的信号的波形

显然，$\overline{\omega_{br}'}$ 和 $|\overline{\omega_{bf}'}|$ 的均值和实际拍频信号的角频率相等

$$\omega_b = \frac{1}{2}(\overline{\omega_{br}'} + |\overline{\omega_{bf}'}|) \qquad (2-82)$$

$\overline{\omega_{br}'}$ 和 $|\overline{\omega_{bf}'}|$ 差值的一半和多普勒频移的均值相等

$$\overline{\omega_D} = \frac{1}{2}(\overline{\omega_{br}'} - |\overline{\omega_{bf}'}|) \qquad (2-83)$$

　　因此，如果分别在上升段和下降段测量探测信号的平均角频率，就可以利用式（2-82）计算出实际拍频信号的角频率，同时利用式（2-83）计算出多普勒频移的实际均值。因此，我们可以计算出延迟时间的真值（或 OPD）和移动目标的速度。

　　举例说明，如果信号波是从移动目标上反射回来的反射波，根据式（2-72）能够计算出移动目标的速度 s

$$s = \frac{\lambda_0}{2n}\overline{\nu_D} \qquad (2-84)$$

其中，λ_0 为自由空间中的中心波长，n 为介质的折射率，$\overline{\nu_D}$ 是多普勒

频移的均值。

锯齿波 FMCW 干涉、三角波 FMCW 干涉都属于线性 FMCW 干涉。线性 FMCW 干涉的优点是拍频信号频率单一并且和延迟时间（或 OPD）呈线性关系。线性 FMCW 干涉的缺点是其需要一个线性调频光源，相比正弦波调频光源更难实现。

2.2.3　正弦波光学 FMCW 干涉

在正弦波光学 FMCW 干涉中，参考波的角频率 $\omega_1(t)$ 可写为

$$\omega_1(t) = \omega_0 + \frac{\Delta\omega}{2}\sin(\omega_m t) \qquad (2-85)$$

其中，ω_0 为平均角频率，$\Delta\omega$ 为角频率调制范围的峰峰值，ω_m 为调制信号的角频率。参考波的相位 $\phi_1(t)$ 可如下表示

$$\phi_1(t) = \omega_0 t - \frac{\Delta\omega}{2\omega_m}\cos(\omega_m t) + \phi_0 \qquad (2-86)$$

其中，ϕ_0 是光源的初始相位。参考波的波函数 $E_1(t)$ 可写为

$$E_1(t) = E_{01}e^{j\left[\omega_0 t - \frac{\Delta\omega}{2\omega_m}\cos(\omega_m t) + \phi_0\right]} \qquad (2-87)$$

其中，E_{01} 为振幅。

相似地，信号波的角频率 $\omega_2(\tau, t)$、相位 $\phi_2(\tau, t)$ 和波函数 $E_2(\tau, t)$ 可写为

$$\omega_2(\tau, t) = \omega_0 + \frac{\Delta\omega}{2}\sin[\omega_m(t-\tau)] \qquad (2-88)$$

$$\phi_2(\tau, t) = \omega_0(t-\tau) - \frac{\Delta\omega}{2\omega_m}\cos[\omega_m(t-\tau)] + \phi_0 \qquad (2-89)$$

$$E_2(\tau, t) = E_{02}e^{j\left\{\omega_0(t-\tau) - \frac{\Delta\omega}{2\omega_m}\cos[\omega_m(t-\tau)] + \phi_0\right\}} \qquad (2-90)$$

其中，τ 为信号波相对于参考波的时间延迟。

图 2-13 显示的是两个干涉正弦波调制 FMCW 波的角频率波形和其干涉产生的拍频信号的角频率波形。实线代表的是参考波的角频率，虚线代表的是信号波的角频率，点虚线代表的是拍频信号的角频率。

当这两个波干涉，合成场的光强 $I(\tau, t)$ 为

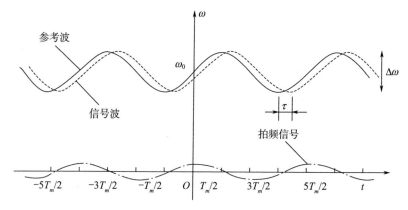

图 2-13　干涉正弦波调制 FMCW 波角频率波形与拍频信号的角频率波形

$$I(\tau,t) = |E_1(t) + E_2(\tau,t)|^2$$
$$= [E_1(t) + E_2(\tau,t)][E_1(t) + E_2(\tau,t)]^*$$
$$= E_{01}{}^2 + E_{02}{}^2 + 2E_{01}E_{02}\cos\left\{\frac{\Delta\omega}{2\omega_m}[\omega_m(t-\tau) - \cos\omega_m t] + \omega_0\tau\right\}$$
$$= I_1 + I_2 + 2\sqrt{I_1 I_2}\cos\left\{\frac{\Delta\omega}{2\omega_m}[\omega_m(t-\tau) - \cos\omega_m t] + \omega_0\tau\right\}$$

$$(2-91)$$

其中，I_1 为参考波的光强（$I_1 = E_{01}{}^2$），I_2 为信号波的光强（$I_2 = E_{02}{}^2$）。上述公式可改写为

$$I(\tau,t) = I_0\left\{1 + V\cos\left[\frac{\Delta\omega}{\omega_m}\sin\left(\frac{\omega_m\tau}{2}\right)\sin\omega_m\left(t - \frac{1}{2}\tau\right) + \omega_0\tau\right]\right\}$$

$$(2-92)$$

其中，I_0 为拍频信号的平均光强（$I_0 = I_1 + I_2$），V 为拍频信号的对比度 $[V = 2\sqrt{I_1 I_2}/(I_1 + I_2)]$。

相似地，考虑到真实情况下，$\tau \leqslant 3\times10^{-8}$ s，$\omega_m = 1\times10^5$ rad·Hz，$\omega_m\tau \approx 3\times10^{-3} \ll 1$，$\sin\left[\omega_m\left(t - \frac{1}{2}\tau\right)\right] \approx \sin(\omega_m t)$，因此上式可写为

$$I(\tau,t)=I_0\left\{1+V\cos\left[\frac{\Delta\omega\tau}{2}\sin(\omega_m t)+\omega_0\tau\right]\right\} \quad (2-93)$$

拍频信号的角频率可写为

$$\omega_b=\frac{\Delta\omega\omega_m\tau}{2}\cos(\omega_m t) \quad (2-94)$$

同时，拍频信号的初始相位为

$$\phi_{b0}=\omega_0\tau \quad (2-95)$$

公式（2-94）表明，正弦波光学 FMCW 干涉的角频率不是一个固定值。然而，角频率在一个调制周期内的平均绝对值 $|\overline{\omega_b}|$ 等于

$$|\overline{\omega_b}|=\frac{\Delta\omega\omega_m\tau}{\pi} \quad (2-96)$$

如果将正弦波的周期定义为 $2T_m$，则上式变为

$$|\overline{\omega_b}|=\frac{\Delta\omega\tau}{T_m}=\alpha\tau \quad (2-97)$$

其中，α 为有效角频率调制率（$\alpha=\Delta\omega/T_m$）。因此，使用拍频信号频率的均值仍然可以计算出延迟时间（或 OPD）。

图 2-14 表示的是由相干正弦波调制 FMCW 波产生的拍频信号波形。图 2-15 表示的是光学正弦波 FMCW 干涉仪产生的实际信号，干涉仪采用单模半导体激光器作为光源。上方的轨迹是半导体激光器驱动电流的波形；下方的轨迹是拍频信号的波形。

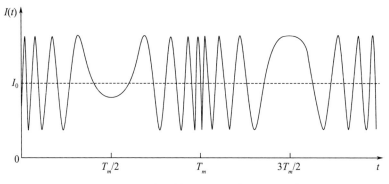

图 2-14　相干正弦波调制 FMCW 波产生的拍频信号波形

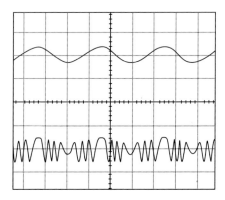

图 2-15　两个相干正弦波调制 FMCW 波产生的拍频信号波形（作者摄）

相似地，如果延迟时间一直在变化，如图 2-16 所示，测量信号的平均角频率包含两部分：平均拍频角频率和平均多普勒频移角频率。在上升段 $(-T_m/2, T_m/2)$ 内，测量信号平均角频率 $\overline{\omega_{br}{}'}$ 等于

$$\overline{\omega_{br}{}'} = \overline{\omega_b} + \overline{\omega_D} \qquad (2-98)$$

其中，$\overline{\omega_b}$ 为拍频信号的平均角频率，$\overline{\omega_D}$ 为平均多普勒频率偏移 $\left(\overline{\omega_D} = \omega_0 \dfrac{\mathrm{d}\tau(t)}{\mathrm{d}t} \right)$ 的平均值。在下降段 $(T_m/2, 3T_m/2)$，测量信号平均角频率的绝对值 $\left| \overline{\omega_{bf}{}'} \right|$ 等于

$$\left| \overline{\omega_{bf}{}'} \right| = \overline{\omega_b} - \overline{\omega_D} \qquad (2-99)$$

$\overline{\omega_{br}{}'}$ 和 $\left| \overline{\omega_{br}{}'} \right|$ 的均值决定了实际拍频信号角频率的平均值

$$\overline{\omega_b} = \frac{1}{2} \left(\overline{\omega_{br}{}'} + \left| \overline{\omega_{bf}{}'} \right| \right) \qquad (2-100)$$

$\overline{\omega_{br}{}'}$ 和 $\left| \overline{\omega_{bf}{}'} \right|$ 差值的一半则是平均多普勒频移

$$\overline{\omega_D} = \frac{1}{2} \left(\overline{\omega_{br}{}'} - \left| \overline{\omega_{bf}{}'} \right| \right) \qquad (2-101)$$

因此，根据测量信号在上升段和下降段的平均角频率，我们仍然可以计算出两个干涉波之间的实际延迟时间（或 OPD）和移动目标的速度。然而，在实践中，对于正弦波拍频信号平均频率的精确

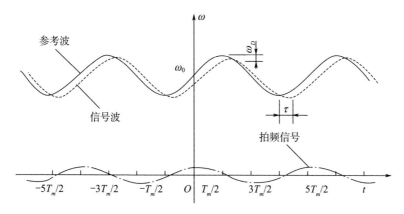

图 2 - 16   当延迟时间变化时,干涉波与正弦波 FMCW 干涉产生的
拍频信号之间的角频率关系

测量是很困难的。尤其是在调制信号的波峰和波谷时刻,拍频信号的频率接近于零,测量精度通常是最差的。这是正弦波光学 FMCW 干涉的主要缺点。

2.3   多光束光学 FMCW 干涉

到目前为止,已经讨论了两束光之间发生 FMCW 干涉的多种情况(即双光束 FMCW 干涉)。然而,在有些情况下多于两束的 FMCW 光波之间也能发生干涉(称为多光束光学 FMCW 干涉)。

如果多束 FMCW 光波由同一个光源产生,沿着不同的路径传播,最终重新结合并发生干涉,则合成场的光强为

$$I(\tau_1,\cdots\tau_m,t)=\left|\sum_{i=1}^{m}E_i(\tau_i,t)\right|^2$$

$$=\left|\sum_{i=1}^{m}E_{0i}\,\mathrm{e}^{\mathrm{j}[\phi_i(t-\tau_i)]}\right|^2$$

$$(2-102)$$

上式中,m 为干涉波的总数,τ_i、E_{0i} 和 $\phi(t-\tau_i)$ 分别为第 i 个光波的传播时间、幅值和相位。

例如，如果三束从同一个光源发出的 FMCW 光波，沿着不同的路径传播，相遇后发生干涉，那么产生的电场光强可写为

$$I(\tau_1, \tau_2, \tau_3, t)$$
$$= |E_1(\tau_1, t) + E_2(\tau_2, t) + E_3(\tau_3, t)|^2$$
$$= [E_1(\tau_1, t) + E_2(\tau_2, t) + E_3(\tau_3, t)][E_1(\tau_1, t) + E_2(\tau_2, t) + E_3(\tau_3, t)]^*$$
$$= E_1(\tau_1, t)E_1^*(\tau_1, t) + E_2(\tau_2, t)E_2^*(\tau_2, t) + E_3(\tau_3, t)E_3^*(\tau_3, t) +$$
$$\quad E_1(\tau_1, t)E_2^*(\tau_2, t) + E_1^*(\tau_1, t)E_2(\tau_2, t) + E_2(\tau_2, t)E_3^*(\tau_3, t) +$$
$$\quad E_2^*(\tau_2, t)E_3(\tau_3, t) + E_1(\tau_1, t)E_3^*(\tau_3, t) + E_1^*(\tau_1, t)E_3(\tau_3, t)$$
$$= I_1 + I_2 + I_3 + 2\sqrt{I_1 I_2}\cos[\phi_1(t - \tau_1) - \phi_2(t - \tau_2)] +$$
$$\quad 2\sqrt{I_2 I_3}\cos[\phi_2(t - \tau_2) - \phi_3(t - \tau_3)] +$$
$$\quad 2\sqrt{I_1 I_3}\cos[\phi_1(t - \tau_1) - \phi_3(t - \tau_3)]$$

$$(2-103)$$

其中，I_1、I_2 和 I_3 分别为三个光波的光强 $[I_1 = E_1(\tau_1, t)E_1^*(\tau_1, t) = E_{01}^2, I_2 = E_2(\tau_2, t)E_2^*(\tau_2, t) = E_{02}^2, I_3 = E_3(\tau_3, t)E_3^*(\tau_3, t) = E_{03}^2]$；$\tau_1$、$\tau_2$ 和 τ_3 分别是三个光波的传播时间。

如果光源的角频率是由锯齿波进行调制的，那么在每一个调制周期内产生的合成场的光强为

$$I(\tau_1, \tau_2, \tau_3, t) = I_1 + I_2 + I_3 + 2\sqrt{I_1 I_2}\cos[\alpha(\tau_2 - \tau_1)t - \omega_0(\tau_2 - \tau_1)] +$$
$$2\sqrt{I_2 I_3}\cos[\alpha(\tau_3 - \tau_2)t - \omega_0(\tau_3 - \tau_2)] +$$
$$2\sqrt{I_1 I_3}\cos[\alpha(\tau_3 - \tau_1)t - \omega_0(\tau_3 - \tau_1)]$$

$$(2-104)$$

显然，由锯齿波调制的三个 FMCW 波产生的拍频信号包含三个分量：第一个分量为第一个波和第二个波产生的拍频信号 ($2\sqrt{I_1 I_2}\cos[\alpha(\tau_2 - \tau_1)t - \omega_0(\tau_2 - \tau_1)]$)，第二项为第二个波和第三个波产生的拍频信号 ($2\sqrt{I_2 I_3}\cos[\alpha(\tau_3 - \tau_2)t - \omega_0(\tau_3 - \tau_2)]$)，第三项为第一个波和第三个波产生的拍频信号

$(2\sqrt{I_1 I_3} \cos[\alpha(\tau_3 - \tau_1)t - \omega_0(\tau_3 - \tau_1)])$。因此，如果改变其中任何一个光波的传播时间，其中两项分量都将受到影响。

相似地，当 n 个由锯齿波调制的 FMCW 波发生干涉时，产生的拍频信号将会包含 $n(n-1)/2$ 个分量。改变其中任意一个光波的传播时间，拍频信号中将会有 $(n-1)$ 个分量受到影响。因此，由于各个光波之间会发生相互干涉，并且拍频信号的形式复杂，多光束 FMCW 干涉在实践中几乎没有得到应用。

2.4　多波长光学 FMCW 干涉

我们知道，从不同光源发出的不同波长（即频率不同）的光是非相干的。如果由多个不同波长的光源照射双光束 FMCW 干涉仪，那么产生的合成场的光强将等于所有单个光源产生的拍频信号的总和

$$I(\lambda_1, \cdots \lambda_m, \tau, t) = \sum_{i=1}^{m} I_{0\lambda_i} \{1 + V_{\lambda_i} \cos[\phi_{\lambda_i}(t) - \phi_{\lambda_i}(t-\tau)]\}$$

$$(2-105)$$

上式中，m 为光源的个数，$I_{0\lambda_i}$、V_{λ_i} 和 $[\phi_{\lambda_i}(t) - \phi_{\lambda_i}(t-\tau)]$ 分别为第 i 个光源产生的拍频信号的平均光强、对比度和相位。τ 则为双光束 FMCW 干涉仪中信号波相对于参考波的时间延迟。

例如，在双波长照射的情况下，产生的电场光强为

$$I(\lambda_1, \lambda_2, \tau, t) = I_{0\lambda_1}\{1 + V_{\lambda_1}\cos[\phi_{\lambda_1}(t) - \phi_{\lambda_1}(t-\tau)]\} + $$
$$I_{0\lambda_2}\{1 + V_{\lambda_2}\cos[\phi_{\lambda_2}(t) - \phi_{\lambda_2}(t-\tau)]\}$$

$$(2-106)$$

其中，$I_{0\lambda_1}$、V_{λ_1} 和 $[\phi_{\lambda_1}(t) - \phi_{\lambda_1}(t-\tau)]$ 分别为第一个光源产生的拍频信号的平均光强、对比度和相位；$I_{0\lambda_2}$、V_{λ_2} 和 $[\phi_{\lambda_2}(t) - \phi_{\lambda_2}(t-\tau)]$ 分别为第二个光源产生的拍频信号的平均光强、对比度和相位。

如果这两个光源的角频率都由相同频率的锯齿波进行调制，但是中心角频率和角频率调制率都不相同，那么在每一个调制周期中

合成场的光强为

$$I(\tau,t) = I_{01}[1 + V_1\cos(\alpha_1\tau t + \omega_{01}\tau)] + I_{02}[1 + V_2\cos(\alpha_2\tau t + \omega_{02}\tau)]$$

$$(2-107)$$

其中，I_{01}、V_1、α_1 和 ω_{01} 分别为第一个光源的平均光强、对比度、角频率调制率和中心角频率；I_{02}、V_2、α_2 和 ω_{02} 分别为第二个光源的平均光强、对比度、角频率调制率和中心角频率。

为了简化上式，假设 $I_{01} = I_{02} = I_0/2$、$V_1 = V_2 = V$，则上式变为

$$\begin{aligned}
I(\tau,t) &= I_0\left\{1 + \frac{V}{2}[\cos(\alpha_1\tau t + \omega_{01}\tau) + \cos(\alpha_2\tau t + \omega_{02}\tau)]\right\}\\
&= I_0\left\{1 + V\left[\cos\left(\frac{\alpha_1 - \alpha_2}{2}\tau t + \frac{\omega_{01} - \omega_{02}}{2}\tau\right)\right.\right.\\
&\quad \left.\left. \cos\left(\frac{\alpha_1 + \alpha_2}{2}\tau t + \frac{\omega_{01} + \omega_{02}}{2}\tau\right)\right]\right\}\\
&= I_0\left\{1 + V\left[\cos\left(\frac{\Delta\alpha}{2}\tau t + \frac{\Delta\omega_0}{2}\tau\right)\cos(\overline{\alpha}\tau t + \overline{\omega_0}\tau)\right]\right\}
\end{aligned}$$

$$(2-108)$$

上式中，$\Delta\alpha$ 为两个光源角频率调制率之差（$\Delta\alpha = \alpha_1 - \alpha_2$），$\Delta\omega_0$ 为两个光源中心角频率之差（$\Delta\omega_0 = \omega_{01} - \omega_{02}$），$\overline{\alpha}$ 为角频率调制率的均值 $[\overline{\alpha} = (\alpha_1 + \alpha_2)/2]$，$\overline{\omega_0}$ 为中心角频率的平均值 $[\overline{\omega_0} = (\omega_{01} + \omega_{02})/2]$。

公式（2-108）表明，双波长锯齿波调制 FMCW 干涉产生的拍频信号的特性主要由平均角频率调制率和平均中心角频率决定，但是其幅度受到一个包络波（通常称为合成波）的调制，如图 2-17 所示。合成波周期 T_s 等于

$$T_s = \frac{4\pi}{\Delta\alpha\tau} = \frac{4\pi c}{\Delta\alpha OPD} \quad (2-109)$$

式中，c 为自由空间中的光速；合成波的初始相位 ϕ_{s0} 等于

$$\phi_{s0} = \frac{\Delta\omega_0\tau}{2} \quad (2-110)$$

$$= \frac{\Delta\omega_0 OPD}{2c}$$

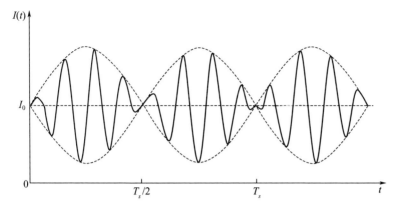

图 2 - 17　双波长锯齿波 FMCW 干涉仪产生的拍频信号波形

当双波长 FMCW 干涉仪的延迟时间（或 OPD ）发生变化时，拍频信号和合成波的波形将沿时间轴移动。通常将合成波沿着时间轴移动半个周期（即信号对比度变化一个周期）的光程差定义为合成波的波长。从公式（2 - 110）可以推导出合成波波长 λ_s 为

$$\lambda_s = \frac{\lambda_{01}\lambda_{02}}{|\lambda_{01} - \lambda_{02}|} \qquad (2 - 111)$$

其中，λ_{01} 为第一个光源的中心波长（$\lambda_{01} = 2\pi c / \omega_{01}$），$\lambda_{02}$ 为第二个光源的中心波长（$\lambda_{02} = 2\pi c / \omega_{02}$）。

合成波波长通常远大于光波波长。双波长 FMCW 干涉仪的特性在实践中可能会很有用。例如，合成波波长可用于测量光程差大于光波长的阶跃变化，如台阶高度。这种情形下，单波长 FMCW 干涉仪无法使用，因为相移的整周期数已经丢失。

应该注意，合成波的频率同时正比于 $\Delta\alpha$ 和 OPD 。为了在一个调制周期内观测到至少半个合成波周期，OPD 必须满足

$$OPD \geqslant \frac{c\omega_m}{\Delta\alpha} \qquad (2 - 112)$$

上式中 ω_m 为调制信号的角频率。

尤其是当 $\Delta\alpha = 0$ 时（如干涉光波是从单个双波长锯齿波调制

FMCW 光源发出的情况，如双模半导体激光器），无论 OPD 有多长都将看不到合成波的图案。在这种情况下，所产生的合成场的光强为

$$I(\tau,t)=I_0\left\{1+V\left[\cos\left(\frac{\Delta\omega_0}{2}\tau\right)\cos(\alpha\tau t+\overline{\omega_0}\tau)\right]\right\}$$

$$(2-113)$$

　　显然，拍频信号的角频率与单波长拍频信号一致，不过，拍频信号的初相位正比于平均中心角频率，并且拍频信号的对比度受到一个 $\cos(\Delta\omega_0\tau/2)$ 或 $\cos(\pi OPD/\lambda_s)$ 因子的修正。应注意拍频信号的对比度与时间无关，但随着 OPD 周期变化。使信号对比度变化一个周期的 OPD 变化量仍然等于合成波波长 λ_s，如图 2-18 所示。

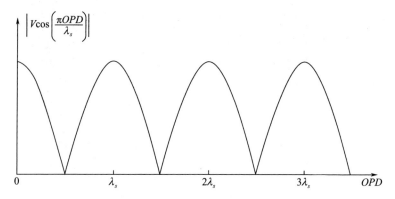

图 2-18　双波长锯齿波 FMCW 干涉仪的信号对比度（$\alpha_1=\alpha_2$，$\omega_{01}\neq\omega_{02}$）

第3章 光学调频连续波干涉的光源

对于光的干涉来说，光源非常重要。光源直接决定了光学干涉系统的性能。光学 FMCW 干涉要求光源的频率能够连续调制。实际上，只有激光能够满足这一特殊需求。

本章首先简要介绍一些光源的基本知识，然后讨论激光原理（包括受激发射、粒子数反转、光学谐振器、激光模式和频率调制的概念），最后讨论最常用的半导体激光器（包括其驱动电路设计、激光噪声分析、频率漂移和反馈光影响）。

3.1 光源介绍

光源可以分为：白炽光源、冷光源和激光器。

白炽光源（如钨丝灯泡）发光基于热辐射现象（即物体通过消耗其组成粒子的动能发光）。热辐射产生的光谱是连续谱，可以用温度等参数进行描述。白炽光源是典型的非相干光源。

冷光源（如放电灯和发光二极管等）利用内部粒子的能量发光，发出的光谱是离散谱或具有特定带宽的谱，通常不能用温度一类的参数来表示。一些冷光源经常被用作部分相干光源。

激光器是基于受激发射现象实现发光的，产生的光束方向性好、能量强。单模激光器具有非常窄的谱线宽度，因此可被用作理想的相干光源。现在已有多种类型的激光器，并且已经广泛应用在工业加工、精密测量、光学全息、光通信和医学医疗等领域。

对于光学 FMCW 干涉，光源必须满足以下基本要求：

1) 频率可变：光源的光学频率必须可以被连续调制。

2) 相干性高：光源的相干长度决定了干涉系统的测量范围。

3）频率调制范围大：大的光学频率调制范围是产生高频拍频信号的关键，这有利于实现高精度的光程差测量。

4）调制速率高：调制速率也与拍频频率有关，并决定系统的动态特性。

5）线性频率调制：线性 FMCW 干涉的精度通常高于非线性 FMCW 干涉。

6）噪声低：实际光波的波形相对于理想波形的偏离应尽可能小。

另外，诸如激光效率、物理尺寸、可靠性、寿命、成本等其他因素对于实际应用而言也很重要。

在实际中，只有激光器能够满足以上要求，并且到目前为止，半导体激光器被认为是可用于光学 FMCW 干涉的最佳光源，因为这种激光器具有一系列优点，例如效率高、直流电流调制、调制线性度较好、调制速率高、调制范围大、尺寸小以及成本低。在随后两节中，首先介绍了激光器的一般原理，然后将这些概念用于半导体激光器。

3.2　激光原理

激光（Laser）一词，在英文中是受激发射光放大（Light Amplification by Stimulated Emission of Radiation）的首字母缩写。为了理解激光器的工作原理，我们首先需要理解受激发射的含义，以及在什么样的条件下我们能够通过受激发射实现光放大。

3.2.1　发光物质中的能级

众所周知，所有物质都是由分子或者原子构成。就能量而言，这些粒子可以用离散能级（或能态）表征。最低能级具有最低能量，并且通常被称为基态，而高能级具有较高的能量，通常被称为激发态。每个组成分子或原子可以处于允许能级之一，但通常优先处于低能级。

对于热平衡条件下的非简并物质，在温度 T 下，处于能级 E 的粒子数密度 N（即单位体积内的粒子数）可以由麦克斯韦-玻耳兹曼统计给出

$$N = N_0 \mathrm{e}^{-E/(k_B T)} \qquad (3-1)$$

上式中，N_0 为在给定温度下的一个常数，k_B 为玻耳兹曼常数（$k_B = 1.38 \times 10^{-23}$ JK^{-1}）。如果只考虑两个能级（E_i 和 E_j），那么这两个能级之间的粒子数密度之比为

$$\frac{N_j}{N_i} = \frac{\mathrm{e}^{-E_j/(k_B T)}}{\mathrm{e}^{-E_i/(k_B T)}} \qquad (3-2)$$

换句话说，E_j 相对于 E_i 的相对粒子数密度为

$$N_j = N_i \mathrm{e}^{-(E_j - E_i)/(k_B T)} \qquad (3-3)$$

显然，在热平衡中，低能级的粒子数密度比高能级的粒子数密度要高，而且物质密度与能量成自然指数关系。

3.2.2　光吸收和光发射

分子或者原子可以在任意两个允许的能态之间通过吸收或者释放一定的能量向上或者向下跃迁。吸收或者释放的能量等于两能级能量之差，能量形式可以是光能量（即光子）、粒子的动能或内能。

伴随光子发射或吸收的跃迁被称为辐射跃迁。如果只有两个能级参与光辐射，光子频率 υ_{21} 与两能级的能量差（$E_2 - E_1$）满足关系

$$h \upsilon_{21} = E_2 - E_1 \qquad (3-4)$$

上式中，h 为普朗克常量（$h = 6.63 \times 10^{-34}$ J · s）。

任意两个能级之间的辐射跃迁可以被分为以下三种类型：

1）受激吸收：如图 3-1（a）所示，低能级（能级 1）上的粒子可以吸收频率为（$E_2 - E_1$）/h 的光子，从而向上跃迁至更高的能级（能级 2）。受激吸收率与低能级上的粒子数和物质中的辐射能量密度有关。

2）自发发射：如图 3-1（b）所示，高能级（能级 2）上的粒

子通过发射频率为 $(E_2 - E_1)/h$ 的光子，向下跃迁至低能级（能级1）。自发发射率只取决于高能级上的粒子数。通过自发发射向低能级跃迁之前，一个粒子保持在高能级上的时间周期平均值称为"激发态寿命"。激发态寿命取决于原子系统的属性，激发态的寿命可能会非常短（少于 10 ps），也可能会相当长（大于 1 μs）。具有长寿命的激发态为"亚稳态能级"。

3）受激发射：如图 3 - 1（c）所示，高能级（能级 2）上的粒子也可以在频率为 $(E_2 - E_1)/h$ 的外部辐射作用下跃迁并发射一个同频率的光子。受激发射速率取决于高能级上的粒子数和外部辐射的能量密度。

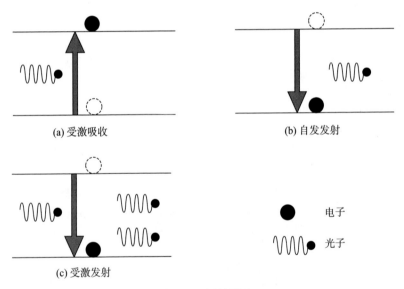

图 3 - 1　辐射跃迁

受激发射最重要的一个特征是发射光子与激发光子相同。它们具有相同的频率、相同的偏振态和相同的传播方向。因此，受激发射可以产生激发辐射的放大。

3.2.3　激活介质和粒子数反转

通常，如果光在某种介质中发生光放大效应，那么这种介质被称为"激活介质"。激活介质可能是分子、原子或离子，也可能以固体、液体或气体的形式存在。激活介质通常被称为"原子系统"。

在原子系统中，存在外部辐射时，每个原子吸收的概率与每个原子受激发射的概率相同。例如，在双能级（基态和激发态）原子系统中，如果 $\rho(\nu_{21})$ 表示频率 ν_{21} 的辐射能量密度，那么吸收率 dN_1/dt 为

$$\frac{dN_1}{dt} = -B_{12}\rho(\nu_{21})N_1 \tag{3-5}$$

其中，B_{12} 为爱因斯坦受激吸收系数，N_1 为低能级（能级 1）的粒子密度。发射率 dN_2/dt 为

$$\frac{dN_2}{dt} = -[A_{21} + B_{21}\rho(\nu_{21})]N_2 \tag{3-6}$$

其中，A_{21} 为爱因斯坦自发发射系数（$A_{21} = 8\pi h\nu_{21}{}^3 B_{21}/c^3$，$c$ 为自由空间中的光速），B_{21} 为爱因斯坦受激发射系数（$B_{21} = B_{12}$），N_2 为高能级（能级 2）的粒子数密度。在稳定状态下，吸收率一定等于发射率，因此有

$$B_{12}\rho(\nu_{21})N_1 = [A_{21} + B_{21}\rho(\nu_{21})]N_2 \tag{3-7}$$

由于我们只关心受激发射的光放大过程，如果此时忽略自发发射，我们会发现，为了让光子的发射率大于吸收率，N_2 必须大于 N_1。然而，此时的粒子数分布与原子系统在热平衡状态下的正常粒子数分布相矛盾。这种现象被称为"粒子数反转"。因此粒子数反转是光放大的一个必要条件。

鉴于 $A_{21} = 8\pi h\nu_{21}{}^3 B_{21}/c^3$、$B_{21} = B_{12}$，公式（3-7）可整理为如下形式

$$\frac{N_2}{N_1} = \frac{B_{12}\rho(\nu_{21})}{A_{21} + B_{21}\rho(\nu_{21})} = \frac{1}{1 + \dfrac{8\pi h\nu_{21}{}^3}{c^3\rho(\nu_{21})}} \tag{3-8}$$

显然，上式中右侧的值总是小于1。换句话说，对于一个双能级原子系统，通过外部辐射提高辐射能量密度无法引发粒子数反转。不过，在一些其他的原子系统中，一定条件下两个能级之间的粒子数分布可能会发生反转。

例如，如图 3-2（a）所示，在一个三能级（一个基态和两个激发态）原子系统中，当系统受到频率为 $\nu_{31}[\nu_{31}=(E_3-E_1)/h]$ 的辐射时，原子会从能级 1 激发到能级 3。（通过外部手段激发原子系统通常称为"泵浦"。泵浦方式可以是使用特定灯的光学泵浦，可以是利用放电效应的电学泵浦，或是通过化学反应实现的化学泵浦等。）能级 3 上的激发态原子可以通过自发发射或受激发射向下跃迁至能级 1。这种跃迁可以从能级 3 单步跃迁到能级 1，或从能级 3 到能级 2，再从能级 2 到能级 1 两步跃迁实现。后一种情况中，在给定的泵浦速率下，如果从能级 3 到能级 2 的跃迁速率大于从能级 2 到能级 1 的跃迁速率（这要求能级 2 处于亚稳态），那么原子会在能级 2 上不断累积，能级 2 上的原子数在此泵浦速率下不断增加。当泵浦速率超过一定阈值时，能级 2 上的原子数会比能级 1 上的原子数多。因此在频率为 $\nu_{21}=(E_2-E_1)/h$ 的辐射就通过受激发射实现了放大。

在上述的三能级系统中，粒子数反转是在激发态（能级 2）和基态（能级 1）之间实现的。因为在热平衡状态下基态的粒子数比任何激发态的粒子数都要多，粒子数反转所需要的泵浦能量的阈值通常都比较高。

现在来考虑图 3-2（b）所示的四能级原子系统（一个基态和三个激发态）。假设辐射跃迁发生在能级 3 和能级 2 之间，如果能级 4 到能级 3 的跃迁速率和能级 2 到能级 1 的跃迁速率与能级 3 到能级 2 的辐射跃迁相比都要大，那么能级 3 和能级 2 之间会发生粒子数反转。因为辐射跃迁过程中的低能级不再是基态，粒子数反转所需要的泵浦能量阈值通常会比较低。因此，四能级系统中粒子数反转比三能级系统更容易实现。这也就是为什么在实践中大多数激光器都采用四能级原子系统。

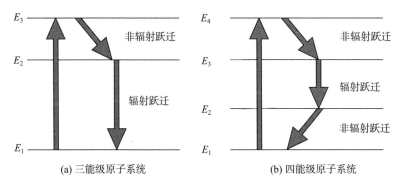

图 3-2　激活介质能级图

在激活介质中，辐射放大的增益系数 g 定义为

$$g = \frac{\mathrm{d}I}{I\mathrm{d}x} \tag{3-9}$$

上式中，$\mathrm{d}I/I$ 为光强的相对增量，$\mathrm{d}x$ 为光通过的微小距离。忽略自发发射的条件下，g 为

$$
\begin{aligned}
g &= \frac{(N_2 - N_1)B_{21}h\nu_{21}\mathrm{d}t}{\mathrm{d}x} \\
&= \frac{(N_2 - N_1)B_{21}h}{\lambda_{21}} \\
&= C_{21}(N_2 - N_1)
\end{aligned}
\tag{3-10}
$$

上式中，$\mathrm{d}x/\mathrm{d}t$ 为介质中的光速度，λ_{21} 为介质中的光波长，C_{21} 为一常数，由以下公式给出

$$C_{21} = \frac{B_{21}h}{\lambda_{21}} = \frac{A_{21}\lambda_{21}^2}{8\pi} \tag{3-11}$$

原子物理学表明同一能级上的原子能量并不相等，但是遵循以下的粒子数统计规律

$$N = \frac{1}{2\pi\tau_n} \frac{N_n}{(E - E_n)^2/\hbar^2 + 1/4\,\tau_n^2} \tag{3-12}$$

其中，N_n 为能级 E_n 上的总原子数，τ_n 为该能级的寿命（$\tau_n = 1/A_n$），$\hbar$ 为一常数 $[\hbar = h/(2\pi)]$。因此，辐射增益实际上是一个

随频率变化而变化的函数。激活介质中的辐射放大增益谱 $g(\nu)$ 为

$$g(\nu) = \frac{1}{2\pi\tau_{21}} \frac{C_{21}(N_2 - N_1)}{4\pi^2(\nu - \nu_{21})^2 + (1/2\tau_{21})^2} \qquad (3-13)$$

其中，τ_{21} 为 E_2 到 E_1 的自发发射寿命。应注意 $g(\nu)\mathrm{d}\nu$ 代表的是频率在 ν 和 $\nu + \mathrm{d}\nu$ 之间的辐射增益系数。

　　图 3-3 表示的是增益谱 $g(\nu)$ 的曲线。该曲线在中心谐振频率位置 ν_{21} 有一个尖锐的峰，通常被称为洛伦兹线型。增益谱 $g(\nu)$ 上两个半功率点之间的频率间隔被称为自然线宽，由下式给出

$$\Delta\nu_{21} = \frac{1}{2\pi\tau_{21}} \qquad (3-14)$$

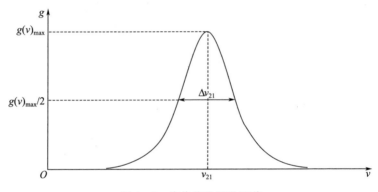

图 3-3　洛伦兹线型增益谱

　　增益谱可通过粒子碰撞或粒子运动发生展宽（如多普勒效应）。碰撞展宽是一种均匀展宽，而多普勒展宽是一种非均匀展宽。

3.2.4　光学谐振器和激光模式

　　从前述几个小节中，我们了解到粒子数反转是光放大的必要条件。然而，为了得到高相干性、高光强和方向性好的激光光束，必须将激活介质放置在光学谐振腔中。

　　光学谐振腔（或光谐振器）和法布里-珀罗标准器相似，如图 3-4 所示，由两面分开一定距离的反射镜（M_1 和 M_2）构成。反射镜

可以是平面镜或球面镜，可以分别被连接在激活介质的端部或其外部。通常，其中一面反射镜（如 M_1）几乎是全反射的，另一面反射镜（M_2）是部分反射的，使得一小部分光可以作为输出光从谐振器中逃逸。

光学谐振器主要有两个作用。第一个作用是为激活介质提供正反馈机制。从前方和后方镜面反射的光作为正反馈，以此建立并维持光学振荡。

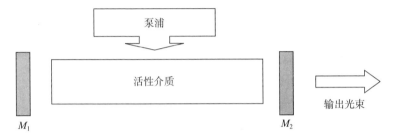

图 3 - 4　激光器的结构

令 R_1 和 R_2 分别表示反射镜 M_1 和 M_2 的反射率（$R_1 \approx 1$，$R_2 < 1$），I_0 表示离开反射镜 M_1 向反射镜 M_2 传播的光束的光强。如果 α 表示谐振腔除反射镜有限反射率之外所有损耗机制的平均损耗系数，g 表示谐振腔的增益系数，则光束在谐振腔内传播一个完整来回之后的光强 I_1 为

$$I_1 = I_0 e^{-aL} e^{gL} R_2 e^{-aL} e^{gL} R_1 \qquad (3-15)$$
$$= I_0 R_1 R_2 e^{2(g-a)L}$$

其中，L 为谐振腔的长度。如果在谐振器内建立并维持光辐射，那么须有

$$R_1 R_2 e^{2(g-a)L} \geqslant 1 \qquad (3-16)$$

通常，我们将激光器振荡的阈值条件定义为

$$R_1 R_2 e^{2(g-a)L} = 1 \qquad (3-17)$$

相应地，阈值增益系数 g_{th} 为

$$g_{th} = \alpha - \frac{\ln(R_1 R_2)}{2L} \qquad (3-18)$$

　　当增益系数大于阈值时，光辐射每走一个来回都会增强。不过，这种情形不会持续太久，因为功率密度的增加会导致更多的受激发射，这会加快激发态原子的消耗并降低粒子数反转和增益系数。很快，辐射达到饱和状态，增益系数降低至阈值。

　　光学谐振腔的第二个作用是确立输出光束的特性。在早期阶段，自发发射及受激发射光子会向所有方向发射。其中大部分光子会很快从激活介质四周逃逸，只有轴向光束因为被来回反射并穿过激活介质可以持续增强。另外，由于光波在谐振腔内被两个反射镜来回反射，光波在经过一个来回后回到初始位置时应与已有的波同相。因此，可以想到，增益谱内只有极少的频率能够满足该谐振频率要求。

　　光学谐振腔通常可以用横模和纵模表征。横模指的是输出光束的特定横向场分布，这种分布与腔的几何结构有关，并且可以通过改变反射镜曲率、腔长或腔的孔径来控制。例如，对于矩形共焦腔（$r_1 = r_2 = L$，其中，r_1 和 r_2 表示两个反射镜的曲率半径，L 表示腔长），可以证明稳定状态下电场分布为

$$E_{mn}(x, y) = C_{mn} H_m\left(\frac{\sqrt{2}\,x}{\omega}\right) H_n\left(\frac{\sqrt{2}\,y}{\omega}\right) e^{-\frac{x^2 + y^2}{\omega^2}} \qquad (3-19)$$

其中，C_{mn} 是一个常量，ω 是一个代表激光束横截面半径的常量，H_m 和 H_n 是 m 阶和 n 阶厄米多项式，m 和 n 是从 0 到无穷大的正整数，用于标记不同模式（通常称为 TEM_{mn} 模式）。

　　特别是，圆形谐振腔基本横模（TEM_{00}）的光强分布 $I(r)$ 可以近似用高斯函数描述

$$I(r) = I_0 e^{-2r^2/\omega^2} \qquad (3-20)$$

上式中，I_0 为光束轴线方向上的光强，r 为径向坐标，如图 3-5 所示。

　　基本模式的特点是相位前沿均匀，衍射发散最小，而高阶横模在光束上存在相位反相和零点。因此，大多数激光器被设计成以基本横模方式工作。

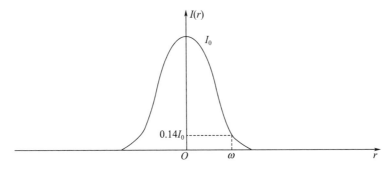

图 3 - 5　圆形谐振器在基本横模下的高斯光强分布

纵模适用于出射光束在特定波长（或频率）下的情况。假设整个腔内充满激活介质，如果 n 表示激活介质的折射率，L 表示腔长，振荡只有在波长 λ_k 满足下式时发生

$$\lambda_k = \frac{2nL}{k} \qquad (3-21)$$

其中，k 为一个整数（$k = 1，2，3\cdots\cdots$），或者在频率 ν_k 满足下式时产生振荡

$$\nu_k = \frac{kc}{2nL} \qquad (3-22)$$

上式中，c 为自由空间中的光速。两个相邻的谐振频率的差值为

$$\Delta\nu_{k+1,k} = \frac{c}{2nL} \qquad (3-23)$$

必须要注意的是，实际激光频率由激活介质的增益谱和光腔的谐振频率确定。或者说，只有同时满足阈值条件和谐振条件的频率才能发生振荡。

对于没有任何特定限制的普通激光腔来说，在增益谱内可能只有几个频率能够满足谐振条件。随着泵浦的增加，最靠近增益峰值的纵模会首先开始振荡。当泵浦进一步增加，其他相邻模可能也开始振荡，导致多个纵模振荡，如图 3 - 6（a）所示。然而，对于一个短的光学谐振腔来说，在增益谱内可能只有一个频率能够满足振荡条件，导致单纵模振荡，如图 3 - 6（b）所示。

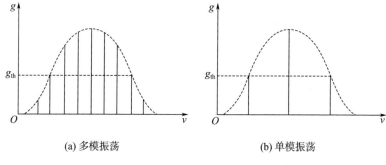

(a) 多模振荡　　　　　　　　　　(b) 单模振荡

图 3 - 6　激光器纵向模式

应注意，即使在纵模下工作，激光器的带宽仍然有限。如果在光谐振腔内没有激活介质，那么法布里-珀罗腔的频率带宽由下式决定

$$\delta\nu_k = \frac{c(1-R)}{2\pi nL\sqrt{R}} \qquad (3-24)$$

其中，c 为自由空间中的光速，R 为镜面的反射率，n 为光谐振腔内介质的折射率，L 为光谐振腔的长度。

如果在谐振腔内有激活介质，激光器的频带将会变窄。激光带宽的限制 $\delta\nu$ 由下式给出

$$\delta\nu = 2\pi(\delta\nu_k)^2\frac{h\nu_{21}}{P}\frac{N_2}{N_2-N_1} \qquad (3-25)$$

其中，P 为激光功率，N_1 和 N_2 为能级 1 和能级 2 的粒子密度，ν_{21} 为中心频率。

3.2.5　频率调制

调制激光频率可以有两种方法：内调制法和外调制法。内调制法基于对光谐振器的特性进行调制，而外调制法基于对出射激光光束的特性进行调制。

内调制可以通过对谐振腔的腔长、腔内激活介质的折射率分别

或同时进行调制实现。根据前述小节，谐振腔的腔长必须为光波长的整数倍。当使腔长发生微量变化时，激光频率将发生变化以保持一个整数。如果以 L 表示腔长、ΔL 表示腔长的变化量，波长的变化量 $\Delta \lambda_k$ 由以下公式决定

$$\Delta \lambda_k = \frac{\lambda_k \Delta L}{L} \tag{3-26}$$

其中，λ_k 为激光的波长；或者频率的变化量为

$$\Delta \nu_k = \frac{-\nu_k \Delta L}{L} \tag{3-27}$$

其中，ν_k 为激光频率。

例如，对于一个长度为 1 m 的空腔，镜面位置变化一个波长将产生大约 300 MHz 的频移。在实践中，我们通常把其中一个镜面与声换能器连接起来以调制腔长进而调制激光频率。这种方法的局限性在于带宽受到换能器和镜面的质量限制。

如果我们对腔内激活介质的折射率 n 进行调制（假设激活介质充满整个腔）而不是调制腔长，那么激光波长的变化量 $\Delta \lambda_k$ 为

$$\Delta \lambda_k = \frac{\lambda_k \Delta n}{n} \tag{3-28}$$

其中，Δn 为激活介质折射率的变化；频率的变化量 $\Delta \nu_k$ 为

$$\Delta \nu_k = \frac{-\nu_k \Delta n}{n} \tag{3-29}$$

折射率调制法的调制带宽由激光器腔的 Q 因子决定 [$Q = 2\pi\nu_{21}$（腔内储存的能量）/（单位时间内损失的能量）]。由于光束在可观的一部分耦合输出之前会在腔内经历数次反射，反射次数与 Q 因子有关，激光频率必须在多次反射所要求的渡越时间内保持严格一致。这决定了调制频率的上限。

外调制可以用布拉格频率调制器或者相位调制器实现。布拉格频率调制器是基于布拉格声光衍射现象，这种现象被认为来源于光子与声子之间的碰撞。正弦声波在材料内传播，会产生应力波，应力波反过来会对材料的折射率产生调制并形成运动形式的折射率光

栅。如果激光相对声平面波的波前以布拉格角 θ_B 入射到这样的厚声学光栅上

$$\sin\theta_B = \frac{\lambda}{2\Lambda} \tag{3-30}$$

λ 为光波在介质中的波长，Λ 为声波在介质中的波长，光束可以大部分被耦合到＋1 级上，如图 3-7 所示，光频将按声频移动。

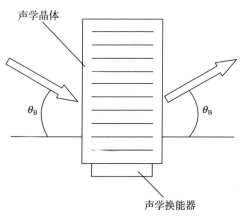

图 3-7　布拉格调频器

布拉格频率调制器的缺点是布拉格角与声波的波长相关。如果声波的带宽够宽，将会有一个能够发生布拉格衍射的角度范围。此外，布拉格频率调制器的调制带宽受到光束上声传播时间的限制，因为如果所有的光都以相同的角度衍射，在任何时刻光束中的折射率光栅都必须基本是恒定的频率。

外频率调制法也可以用一个相位调制器实现，因为相位调制和频率调制在方法上是一样的——对相位角进行调制。例如，很容易证明：相位调制 $[\phi(t)=\omega_0 t + A\sin(\omega_m t)]$ 等价于频率调制 $[\omega(t)=\omega_0 t + A\omega_m\cos(\omega_m t)]$，$A$ 为相位调制的振幅，$A\omega_m$ 是等效的角频率调制幅度。常用的相位调制器包括机械相位调制器、光纤相位调制器和光电相位调制器等。

机械相位调制器可以是可移动的镜面（或一个可旋转的玻璃

板）。从镜面出射的光通过镜面位置的改变进行调制，这种效应叫做多普勒频移，多普勒频移量和镜面的速度成正比，和光的波长成反比。由于镜面质量的惯性，机械相位调制器只能提供较窄的调制带宽。

如图 3-8 所示，光纤相位调制器由一个压电管和多匝单模光纤组成，单模光纤以微小的张力缠绕在压电管周围。如果在 PZT 管壁上施加电压，则由于收缩效应，其壁厚、高度和圆周上将产生应变，管的周长将改变，导致纤维长度发生变化。PZT 管光纤调相器产生的相移振幅等于

$$\Delta\phi = k\Delta(n_e L) = \eta NV \tag{3-31}$$

式中　k ——光束在自由空间中的传播常数；

　　n_e ——光纤的折射率；

　　L ——缠绕在 PZT 管的光纤总长度；

　　N ——光纤的匝数；

　　V ——施加在 PZT 管内表面和外表面之间的电压；

　　η ——相位调制效率。

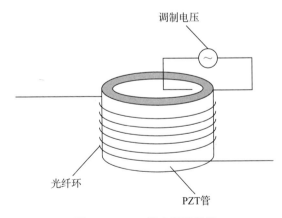

图 3-8　PZT 管光纤调相器

让调制器工作在 PZT 管的某一个声学谐振频率可以极大地增加调制幅度。这些频率由 PZT 管的尺寸、材料以及声谐振模式类型决

定。在薄壁 PZT 管中，最常用的声谐振模式为箍模，这种模式对应于圆周的对称胀缩。也可以使用其他与管的高度和厚度有关的声谐振模式，因为这些维度上的膨胀也与周长变化有关。这些声谐振模式通常都工作在高频。

由于其频率响应是非线性的，光纤调相器通常应用于正弦波频率调制。除非频率很低（通常小于 1 kHz），其他波形（如锯齿波和三角波）的频率调制一般不可能实现，因为它要求波形的主要谐波频率分量具有一致的频率响应。

由于张力卷曲效应，单模光纤调相器通常会在光纤中引入双折射。这是我们不希望产生的不良特性，尤其是在一些极端敏感的相位测量场合中（如光纤陀螺仪）将产生非常严重的后果。在这种情况下，会使用保偏光纤而不是单模光纤。

电光相位调制器通常是基于泡克耳斯效应。当沿着电光晶体 〔例如，磷酸二氢铵（ADP，$NH_4H_2PO_4$）、磷酸二氢钾（KDP，KH_2PO_4）和磷酸二氘钾（KD^*P，KD_2PO_4）〕的光轴方向施加电压时，两个正交主轴的折射率会发生改变。

图 3-9 表示的是一个纵向电光相位调制器，其由输入偏振器和在前后表面上涂有透明电极的电光晶体组成。偏光片的偏振方向平行于电光晶体的主轴（例如 x 轴）排列，使得激光束的偏振方向在频率调制期间始终一致。

泡克耳斯效应是一种线性光电效应。诱导产生双折射和外电场（即施加的电压）成正比关系。调制器的相移可写为

$$\Delta\phi = k\,\Delta n_x L = \frac{kn_x^3 r_{63}V}{2} \qquad (3-32)$$

式中　k ——光在自由空间中的传播常数；

　　　n_x ——非调制状态下 x 轴上的折射率；

　　　Δn_x ——调制状态下 n_x 的变化量；

　　　r_{63} ——晶体的光电系数；

　　　V ——施加的电压。

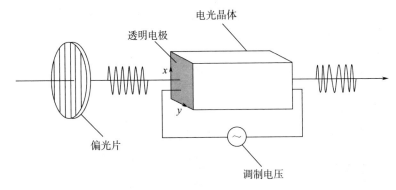

图 3-9　光电调相器

3.3　半导体激光器（激光二极管）

半导体激光器是利用半导体材料作为激光发射的激活介质的激光器件。它们是至今的最小的激光器，通常大约是一粒盐的大小。由于半导体激光器的基本结构是半导体 PN 结，因此半导体激光器也叫做激光二极管。

3.3.1　半导体中的能带

半导体，是一种电导率介于导体和绝缘体之间的材料。多数半导体是元素周期表中由 Ⅱ 族到 Ⅵ 族元素构成的晶态固体。当 N 个半导体原子形成晶体时，由于原子排布紧密，围绕带正电原子核的电子云互相交叠，使得价电子可以从一个原子移动至另一个原子。换一个角度，现在价电子属于整个半导体而非单个原子，这使得原子的每个能级分裂为 N 个非常接近的能级。在实际中，由于半导体中的原子数目极大，这些非常接近的能级可以被视为连续的能带。具体地说，孤立原子的价能级变为半导体晶体的价带，孤立原子的其他高能级变为半导体晶体的空带。任何两个能带之间的能隙称为禁带。在极低温度（0 K）下的本征半导体中，价带全被电子填满，而空带完全没有电子。不过，对于高一些的温度，热运动会把一些电子从价带送入最近的空带。有电子的空带称为导带。在价带中，电子离开留下的位置称为空穴，如图 3 - 10 所示。电子和空穴都称为载流子。

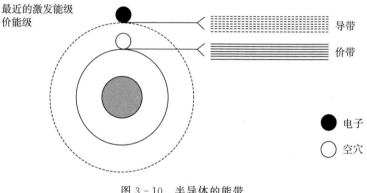

图 3 - 10　半导体的能带

本征半导体是完美的晶体（没有缺陷或杂质），其中导带和价带之间的能隙从几十分之一电子伏到 2 eV。对于热平衡的本征半导体，电子允许态的占据概率 f_e 由费米分布给出

$$f_e(E) = \frac{1}{1 + e^{(E-E_F)/k_B T}} \qquad (3-33)$$

其中，E_F 为一常数，称为费米能（或费米能级），其表示电子占据概率为 0.5 时的能量值（如果在该能量值下存在允许的能级），k_B 为玻耳兹曼常数。在本征半导体中，价带的空穴数量等于导带的电子数，费米能级恰好位于价带顶部和导带底部之间的正中，如图 3 - 11（b）所示。

注意，电子的费米能级也可以用来描述半导体中的空穴分布，但是空穴的占据概率 f_h 应等于

$$f_h = 1 - f_e \qquad (3-34)$$

少量晶格的原子被掺杂杂质所替代的半导体材料称作非本征半导体。非本征半导体中的掺杂杂质分为施主杂质和受体杂质两类。

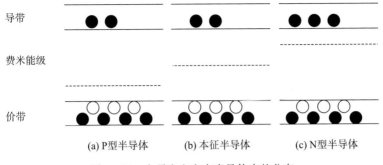

图 3 - 11　电子和空穴在半导体中的分布

施主杂质是拥有多于和临近原子成键所需价电子数量的原子，含有施主杂质的半导体被称为 N 型半导体。受主杂质是拥有少于和临近原子成键所需价电子数量的原子，含有受主杂质的半导体被称为 P 型半导体。对于热平衡状态下的非本征半导体而言，由于其电子特性已经被杂质改变，导带中的电子与价带中的空穴数量不再相等，费米能级不再位于能隙中央。具体地讲，在 P 型半导体中，价带空穴的数量多于导带电子的数量，因此，费米能级的位置接近价带，如图 3 - 11（a）所示；而在 N 型半导体中，由于导带电子的数量多于价带空穴的数量，费米能级的位置接近导带，如图 3 - 11（c）所示。

　　在晶体半导体中，原子的排列成规则的周期性晶格。电子在这种晶体中以任何特定方向的运动都可以看作是一个带负电荷的粒子在原子核产生周期性变化的静电场中的运动，可以用相应的德布罗意波的参数动量或参数传播常数 k 来描述。例如，我们通常使用电子能量对传播常数的依赖关系（$E - k$ 图）来描述半导体材料的跃迁性质。尤其是，$E - k$ 曲线的极值通常与能带边缘一致。比如，导带的 $E - k$ 曲线的最小值与导带的最底点一致，而价带的 $E - k$ 曲线的最大值与价带的最高点一致。

　　其中导带的最小值 $(E_c)_{min}$ 和价带的最大值 $(E_v)_{max}$ 出现在相同 k 值处的半导体称为直接带隙半导体，如图 3 - 12（a）所示。其中

导带的最小值 $(E_c)_{min}$ 和价带的最大值 $(E_v)_{max}$ 出现在两个不同的 k 值处的半导体称为间接带隙半导体，如图 3-12 (b) 所示。

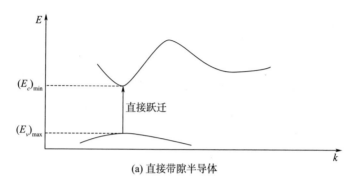

(a) 直接带隙半导体

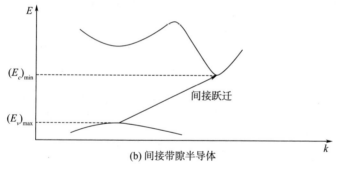

(b) 间接带隙半导体

图 3-12　半导体的 $E-k$ 曲线

3.3.2　半导体中光的吸收和辐射

半导体中的辐射跃迁通常发生在价带和导带之间。和孤立原子系统的情况相似，在半导体中有三种不同的辐射跃迁方式。

1）价带中的电子可以吸收一个频率为 $(E_2-E_1)/h$ 的光子向上跃迁至导带，E_1 和 E_2 分别为电子在价带中的初始状态和在导带中的结束状态的能量。

2）导带中的一个电子可以与价带中的一个空穴复合，自发发射一个能量为初态与终态能量差的光子。

3）导带中的电子也可以与在频率为 $(E_2 - E_1)/h$ 的外部辐射作用下与价带中的空穴复合，并发射一个与入射光子一致的光子。

与孤立原子系统的情况不同的是，光子与半导体中的电子和空穴的相互作用需要满足能量守恒定律和动量守恒定律。守恒的能量为

$$E_1 + h\nu = E_2 \qquad (3-35)$$

守恒的动量为

$$\hbar k_1 + \hbar k = \hbar k_2 \qquad (3-36)$$

其中，k_1 和 k_2 分别表示电子在价带和导带中的传播常数，k 表示光子的传播常数（$k = 2\pi/\lambda$）。在实际中，k 要比 k_1 和 k_2 小 $2\sim3$ 个数量级，因此，第二个条件可简化为

$$k_1 = k_2 \qquad (3-37)$$

该公式意味着在 $E-k$ 图中导带和价带之间允许的跃迁都在垂直方向（称为直接跃迁）。不过，这并未完全排除 $E-k$ 图中其他非垂直跃迁（称为间接跃迁）的可能性。事实上，如果有第三个粒子"声子"参与相互作用过程，总能量和总动量仍然可以守恒。声子是晶格振动的量子，其能量相对较小，但其动量相对较大且与电子相当。然而，半导体中声子参与的跃迁发生的概率远小于垂直跃迁，因为声子参与的跃迁需要附加声子以适当的量补偿能量及动量上的不匹配。因此，几乎所有高效率的半导体光源都是用直接带隙半导体制作的，如二元化合物半导体 GaAs 和 InP。硅和锗是间接带隙半导体，因此它们不是高效率的光辐射材料。

3.3.3 半导体激光器的激活介质和粒子数反转

现在，考虑在 P 型和 N 型 GaAs 半导体之间形成的 PN 结，如图 3-13（a）所示。由于 P 区和 N 区中的电子和空穴浓度不同，所以来自 N 区的电子会扩散到 P 区中，来自 P 区的空穴会扩散到 N 区中。这些载流子通过结的扩散导致 N 侧上带正电荷的离子与 P 侧上

带负电荷的离子之间产生内建电势差 V_b。V_b 减小了 N 侧的电子相对于 P 侧的电子的势能

$$eV_b = (E_F)_N - (E_F)_P \qquad\qquad (3-38)$$

上式中，e 为一个电荷所带的电量（$e = 1.6 \times 10^{-19}$ C），$(E_F)_N$ 和 $(E_F)_P$ 分别为 N 型半导体和 P 型半导体的费米能量，如图 3-13 （b）所示。空间电荷区被称为"势垒区"（或"耗尽区"），因为这个区域中没有自由载流子，势垒区的宽度取决于结两侧施主离子和受体离子的数量。

需要注意，PN 结两侧的费米能级在同一水平上对齐。这是因为在没有施加任何外部能量的情况下，材料的电荷中性要求在任意位置出现电子的可能性是相同的，因此在半导体晶体中应该只存在一个费米函数。

如果在 PN 结上添加一个正向偏置电压 V，PN 结 N 侧的电势将会增加，相应地，能带会向上移动。PN 结两侧的费米能级分开 eV，如图 3-13（c）所示。载流子增加的势能将其推入势垒区，在那里电子和空穴重新结合并产生一个通过 PN 结的正向电流。电子过剩的能量将会以光子的形式释放。

在 PN 结的每一侧，由于输入的载流子是少数载流子，耗尽区中的少数载流子的数量会受到显著影响，因此少数载流子和多数载流子不再由相同的费米能级描述。或者说，在耗尽区存在两个费米能级（通常称为"准费米能级"）：其中一个为电子的而另一个为空穴的。例如：在 P 侧，空穴的费米能级基本保持相同，因为空穴为多数载流子，所以受到的影响很小，而电子的费米能级 $(E_F)_{Pe}$ 将向上移动到 N 侧电子的费米能级 $(E_F)_N$ 附近，如图 3-13 （c）所示。

请注意，即使准费米能级之间的间隔小于带隙能量 E_g，由于存在通过器件的正向电流，仍然会发生光辐射。这就是发光二极管 （LED）的工作基础，并且这种装置没有阈值。然而，对于受激发射的光放大，必须满足一些特殊要求。

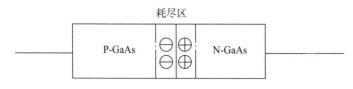

(a) PN结的结构

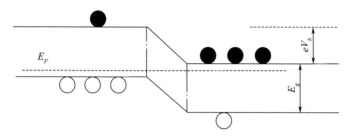

(b) PN结无偏置电压时的能量带

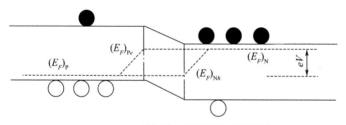

(c) PN结加载正向偏置电压的能量带

图 3-13　半导体 PN 结的特点

设 $\rho(\nu)$ 表示耗尽区中频率为 ν 时的能量密度。由受激发射导致的光子增长率 $\mathrm{d}n_r/\mathrm{d}t$ 可写为

$$\frac{\mathrm{d}n_r}{\mathrm{d}t} = B_{cv} n_{ce} n_{vh} \rho(\nu) \tag{3-39}$$

式中　B_{cv}——爱因斯坦受激发射系数；

　　　n_{ce}——导带中的电子数；

　　　n_{vh}——价带中的空穴数。

受激吸收导致的电子衰减率 $\mathrm{d}n_a/\mathrm{d}t$ 可写为

$$\frac{\mathrm{d}n_a}{\mathrm{d}t} = B_{vc} n_{ve} n_{ch} \rho(\nu) \tag{3-40}$$

上式中，B_{vc} 为爱因斯坦受激吸收系数（$B_{vc} = B_{cv}$），n_{ve} 为价带中的电子数，n_{ch} 为导带中的空穴数。如果我们暂时忽略自发发射，我们会发现光子的净变化率 $\mathrm{d}n/\mathrm{d}t$ 为

$$\frac{\mathrm{d}n}{\mathrm{d}t} = \frac{\mathrm{d}n_r}{\mathrm{d}t} - \frac{\mathrm{d}n_a}{\mathrm{d}t} = B_{vc} \rho(\nu)(n_{ce} n_{vh} - n_{ve} n_{ch}) \tag{3-41}$$

如果载流子的数量用电子的能量密度和费米函数来表示，我们有

$$n_{ce} = N_c(E) f_{ce}(E) \tag{3-42}$$

$$n_{ch} = N_c(E) [1 - f_{ce}(E)] \tag{3-43}$$

$$n_{ve} = N_v(E - h\nu) f_{ve}(E - h\nu) \tag{3-44}$$

$$n_{vh} = N_v(E - h\nu) [1 - f_{ve}(E - h\nu)] \tag{3-45}$$

$N_c(E)$ 和 $N_v(E)$ 分别为导带和价带的能量密度，$f_{ce}(E)$ 和 $f_{ve}(E)$ 分别为导带和价带中电子的费米分布。将上述四式代入式（3-41）中并化简得

$$\frac{\mathrm{d}n}{\mathrm{d}t} = B_{cv} \rho(\nu) N_c(E) N_v(E - h\nu) [f_{ce}(E) - f_{ve}(E - h\nu)] \tag{3-46}$$

对于受激发射率大于光子受激吸收率的情况（即 $\mathrm{d}n/\mathrm{d}t > 0$），有

$$f_{ce}(E) - f_{ve}(E - h\nu) > 0 \tag{3-47}$$

考虑到公式

$$f_{ce}(E) = \frac{1}{1 + \mathrm{e}^{\frac{E - (E_F)_N}{k_B T}}} \tag{3-48}$$

$$f_{ve}(E) = \frac{1}{1 + \mathrm{e}^{\frac{E - (E_F)_P}{k_F T}}} \tag{3-49}$$

公式（3-47）可简化为

$$(E_F)_N - (E_F)_P \geqslant h\nu \tag{3-50}$$

这个方程式意味着导带中存在大量电子，同时价带中存在大量空穴，这与热平衡时半导体中的正常载流子分布不同。因此，这是

半导体激光器载流子粒子数反转的必要条件，相当于原子系统的粒子数反转的必要条件。

因为 $h\nu \approx E_g$，上式可重写为

$$(E_F)_N - (E_F)_P \geqslant E_g \qquad (3-51)$$

通常，由中等掺杂的 P 型和 N 型半导体形成的 PN 结不可能满足该方程。但是，如果 PN 结由高度掺杂的 P^+ 型半导体和 N^+ 型半导体形成，半导体的费米能级分别位于其内部各带中，并且对结施加一个很强的偏置电压（$V > E_g/e$），上式将得到满足，并导致受激发射光放大，如图 3-14 所示。

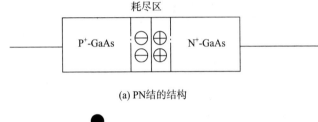

(a) PN结的结构

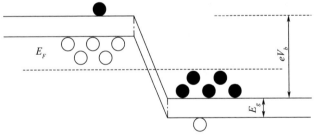

(b) PN结未加偏置电压时的能级带

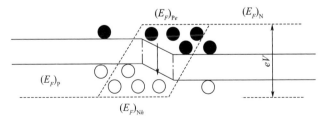

(c) PN结加载正向偏置电压的能级带

图 3-14　高度掺杂的半导体 PN 结特点

　　世界上第一台半导体激光器是同质结激光器，发明于 1962 年。在该器件中，PN 结两端的材料是相同的。同质结半导体激光器只能在脉冲模式下操作，因为阈值电流范围在几安培到几十安培之间，如果设备连续工作，可能会导致灾难性后果。

　　现代所有的半导体激光器都采用双异质结结构，两个较高带隙半导体层之间夹有一个适当的半导体薄层（通常厚度约 0.1 μm），形成两个异质结。中间较窄的带隙薄层充当有源区域，通常具有较高的折射率。这种结构具有所谓的"载流子限制"和"光限制"特性，从而使阈值电流低并且总体效率高，如图 3 - 15 所示。

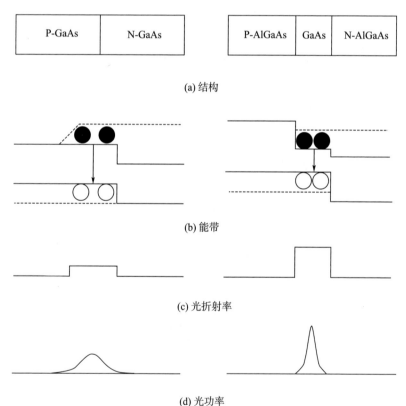

(a) 结构

(b) 能带

(c) 光折射率

(d) 光功率

图 3 - 15　单质结结构和异质结结构的对比（左——单质结，右——双异质结）

　　量子阱（Quantum‑well，QW）激光器是一种特殊的双异质结
半导体激光器，其有一个小型的有源区域（通常小于 200 Å）。小型
有源区域将激励电流限制在更小的横向区域，使得阈值电流以及热
量可以进一步减小。

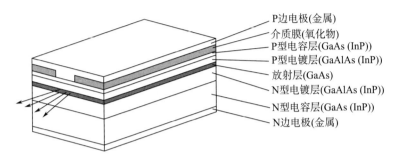

P边电极(金属)
介质膜(氧化物)
P型电容层(GaAs (InP))
P型电镀层(GaAlAs (InP))
放射层(GaAs)
N型电镀层(GaAlAs (InP))
N型电容层(GaAs (InP))
N边电极(金属)

图 3 - 16　现代半导体激光器的典型结构

　　图 3 - 16 显示的是现代半导体激光器的典型结构。除此之外还
存在许多其他结构的半导体激光器。半导体激光器的激光波长取决
于半导体材料中的杂质特性，典型的 InGaAlP 器件的激光波长范围
为 630～690 nm，GaAlAs 器件为 780～870 nm，InGaAs 器件为
900～1 020 nm 以及 InGaAsP 器件为 1.3～2.1 μm。

　　几乎所有的激光器都是通过注入电流来泵浦的。半导体激光器
的增益系数 g 可写为

$$g = \beta J \tag{3 - 52}$$

式中，β 为一常数（称为增益因数），取决于半导体激光器的材料和
结构，J 为电流密度。

　　图 3 - 17 显示的是半导体激光器输出功率与驱动电流的函数关
系的典型变化。在阈值电流以下，输出功率较低。随着电流大小超
过阈值，输出功率显著增大。阈值以下的发射主要来自自发发射，
而阈值以上主要来自受激发射。

　　半导体激光器通常由最大电流（或最大输出功率 $P_{\max}$）表征，
其对应于瞬时灾难性故障电流（或瞬时灾难性故障输出功率）的

$25\%\sim50\%$，以确保长期可靠性。在损坏界限条件下工作将导致激光器永久性的面破坏或结退化，并在几纳秒到几毫秒内破坏激光器。

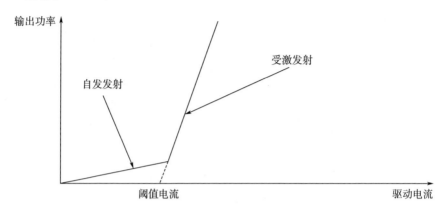

图 3 - 17　半导体激光器功率-电流典型关系

3.3.4　半导体激光器的光谐振和模式

和传统激光器不同，半导体激光器一般采用半导体晶体的两个断开端面，而不是使用额外的镜面。其中一个断开端面可能涂有高反射率的材料，而另一个端面涂有部分反射的材料以确保激光输出。垂直方向上的另外两个端面被锯切以减小这些端面的反射并阻止激光沿着这个方向传播，或者垂直方向的端面由低折射率的材料包裹以组成一个以各种横向传播模式为特征的介质波导。

大多数高级半导体激光器都采用条形波导腔（通常高 $1\sim2\ \mu m$，宽 $3\sim7\ \mu m$，长 $200\sim1\ 000\ \mu m$），工作在基本横向模式（TEM_{00}），其电场分布可以用沿着横向方向的宽度 w_t 和沿着侧向方向的宽度 w_l 的高斯函数描述

$$E(x,y)=A\mathrm{e}^{-\left[\frac{x^2}{w_t^2}+\frac{y^2}{w_l^2}\right]} \qquad (3-53)$$

上式中，A 为一常数，x 和 y 表示相对于 PN 结平面的水平轴和垂直轴。w_t 和 w_l 通常为 $0.5\sim1\ \mu m$ 和 $1\sim2\ \mu m$。这种输出的远场模式是椭圆形的，在垂直于 PN 结的平面上具有较大的发散，如图3 - 18 所

示。这个发散面相对于结平面的水平角度和垂直角度通常为 $5° \sim 10°$ 和 $30° \sim 50°$。

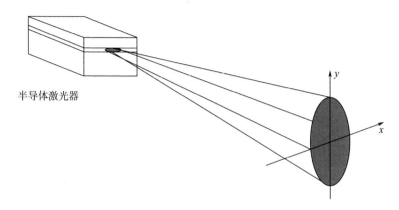

半导体激光器

图 3 - 18　典型单模激光管的远场图像

半导体激光束的大尺度发散可能引发许多问题，例如在耦合光纤中。一个提高耦合效率的有效方法是采用柔性焦距透镜组变换激光器的出射光。由于半导体激光器的模场光斑尺寸远小于光纤，所以通过放大输出，可以减小光束的发散并达到良好的耦合效率。为实现最大效率，应使半导体激光器的高斯场分布与光纤模式的高斯场分布相匹配。耦合透镜可放置在光纤的外部，或者可以通过蚀刻在光纤本身的顶端形成。采用这种技术，单模光纤耦合效率可以达到约 50%。

因为半导体中电子的辐射跃迁发生在价带和导带之间，半导体的自发光谱比孤立原子系统的要大。因此，即使半导体激光器的光谐振腔相对要小，仍然能够同时产生多个频率的振荡。因此，如果没有特定的应对措施，半导体激光器一般会在多个纵向模式下振荡。

许多方法都能够实现半导体激光器的单纵模振荡。一个简单的方法是通过缩短谐振腔来增加纵模间距，以便使增益谱内只有一个纵模。然而，缩短腔体可能会造成操作上的问题，并且由于增益介质的体积受到限制，所以输出功率会受到限制。

实现单纵模振荡更加有效和可靠的方法是在激光器腔体中引入一个能够消除其他纵模，只留下一个纵模的组件或结构。采用这种方法，只有增益大于损耗的纵模能够保留下来。常用的技术包括使用一个额外的腔（耦合腔）、在光学腔的端部使用光栅〔分布式布拉格反射器（DBR）〕，或者在整个腔区上集成光栅〔分布式反馈（DFB）结构〕。

图 3-19 显示的是在阈值以下和以上振荡的单模半导体激光器的典型输出频谱。单纵模半导体激光器的频率带宽通常在 5～20 MHz。对于单纵模 QW 半导体激光器，带宽会显著减小，并且通常在 0.9～1.3 MHz。

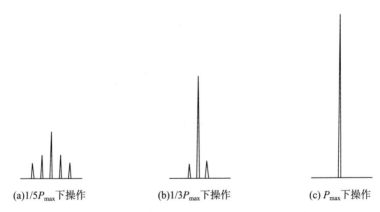

(a)$1/5 P_{max}$ 下操作　　　　(b)$1/3 P_{max}$ 下操作　　　　(c) P_{max} 下操作

图 3-19　单模半导体激光器的典型输出频谱

半导体激光器发出的光大部分是偏振光，而且电场矢量在 PN 结平面上。大面积半导体激光器的偏振比通常为 30：1 或更大，而介质波导半导体激光器的偏振比在 50：1 至 100：1。

3.3.5　半导体激光器的频率调制

半导体激光器最吸引人的特性是其光频率可以通过简单地调制驱动电流来直接调制。其物理原理是驱动电流的变化改变了激光腔中激活介质的载流子浓度，这反过来改变了半导体的折射率和激光振荡频率。对于大多数商用单模半导体激光器，光频调制偏移可高达 100GHz，同时不会出现相位中断和跳频现象。该值约等于多模半导体激光器中各个纵模之间的频率空间。

如前所述，折射率调制法的调制带宽由激光器腔的 Q 因子决定。半导体激光器的 Q 因子通常很大。光子的寿命（光子在逃逸出腔或者是被吸收或发散之前在谐振腔中存在的平均时间）通常为 2 ps。因此半导体激光器通常可以在很高的频率上进行调制（高达 10 GHz）。但是，对半导体激光器的频率进行调制的同时，通常会将其谱宽度扩大 $0.01 \sim 0.2$ nm。如果调制频率太高，单模半导体激光器可能会产生多模振荡。因此，对于光学 FMCW 干涉，半导体激光器的调制频率范围一般在 $1 \sim 10^4$ kHz。

需要注意，半导体激光器的频率调制总是伴随着光强调制。这是因为激光器腔体中载流子浓度的变化改变了增益系数。图 3 - 20 表示的是锯齿波马赫-泽德 FMCW 干涉仪的真实信号（见 6.3 节），驱动电流在阈值电流以下和最大电流以上之间进行调制。上方的曲线为驱动电流的波形，下方的曲线为拍频信号的波形。形似胡萝卜的拍频信号说明激光光束的属性在整个调制周期中不是恒定不变的。

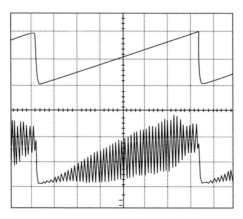

图 3 - 20　锯齿波马赫-泽德 FMCW 干涉仪的真实信号（作者摄）

图 3-21 所示为拍频信号在不同情况下的波形。如果驱动电流在阈值以下，由于出射光主要来自自发发射，基本上都是非相干光，因此拍频信号的对比度基本等于零，如图 3-21（a）所示。如果驱动电流在阈值以上，由于辐射过程主要由受激发射控制，半导体激光器的频谱宽度将变得更窄，拍频信号的对比度也将变得更大，如图 3-21（b）所示。如果驱动电流大于最大值，半导体激光器将发生相位中断或跳频，如图 3-21（c）所示。如果驱动电流达到损坏界限，将发生一系列的非线性频率—电流响应，引起拍频信号的频率急剧下降，如图 3-21（d）所示。

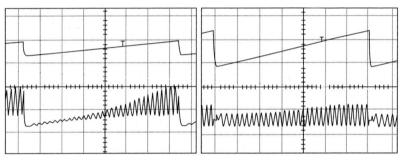

(a) 低对比度的拍频信号波形   (b) 质量良好的拍频信号波形

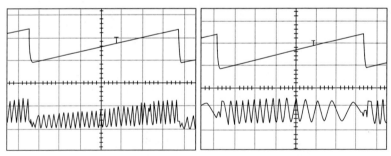

(c) 相位中断的拍频信号波形   (d) 频率降低的拍频信号波形

图 3-21　拍频信号在不同情况下的波形（作者摄）

需要注意，在这种情况下，半导体激光器将可能被永久损坏。因此，在实际操作中，半导体激光器的理想驱动电流应该处于阈值与最大允许值之间的 80%～90% 的中间区域。

3.3.6 半导体激光器的驱动电路

半导体激光器是电流驱动型器件。其必须始终由电流源驱动工作或者与电阻串联后工作在正向偏置电压下。图 3 - 22 所示为一个半导体激光器的驱动电路。限流电阻 R 与半导体激光器串联以约束通过激光器的电流。R 的阻值为

$$R = \frac{V - V_f}{I} \qquad (3-54)$$

上式中，V_f 为激光器正向压降（通常大约为 2 V），I 为需要的电流（通常介于 40 mA 到 50 mA 之间）。

这个电路虽然简单，但是工作性能却很不错。但是，需要注意的是：当在测试这个电路的时候千万不要触摸电路中的器件，否则电路的状态可能会发生改变导致瞬间摧毁半导体激光器。

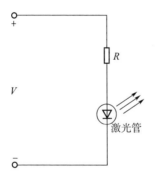

图 3 - 22 一个简单的半导体激光器驱动电路

图 3 - 23 所示为一个更加实用的驱动电路，这个电路基于跨导放大器（如，电压－电流转换器），图中 R_L 为负载电阻，OP 为功率运算放大器。电路的跨导增益 A 由下式给出

$$A = \frac{I_{out}}{V_{in}} = \frac{1}{R_L} \qquad (3-55)$$

式中，I_{out} 为输出电流，V_{in} 为输入电压。这个驱动电路非常稳定安全。

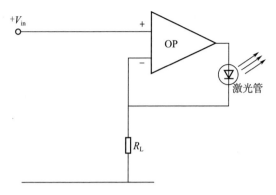

图 3 - 23　一个实用的半导体激光器驱动电路

3.3.7　激光器噪声、频率漂移和反馈光效应

任何实际光源发出的光波总是与理想的规则波形有一些差别。幅度上的变化称为幅度噪声（或光强噪声），相位波动称为相位噪声（或频率噪声）。半导体激光器的噪声相对较低。如果对半导体激光器的频率进行调制，则噪声通常将变得显著。

在调频半导体激光器中有多种噪声源。除了驱动电流的不理想之外，其他重要的噪声源还包括自发发射、光子量子机制和谐振腔中的光子寿命。半导体激光器中的自发发射不仅提供了光强背景，而且产生了不相干噪声。光子在谐振腔中的量子特性和随机寿命使得光频率不规则地逐步离散变化，而不是平滑和均匀地变化。此外，频率调制的非线性响应、光强调制和光谱带宽变化也会对拍频信号的光强和对比度产生影响，这些影响通常是规则的，因此它们在信号处理过程中可以被补偿掉。

半导体激光器的一个重要特性是光强和光频强烈取决于周围环境的温度。温度的升高会减小输出功率并使频谱向长波长方向偏移。图 3 - 24 所示为在温度变化的条件下输出功率随着驱动电流变化的关系图像。我们注意到，阈值电流严格取决于温度。通常情况下，GaAlAs 激光器的 I_{th} 增加量为（0.6%～1%）/℃，InGaAsP 激光器的增加量为（1.2%～2%）/℃。

半导体激光器由于温度引起的频率漂移大约为 25 GHz/℃。这种多余的温度敏感性使得相位测量变得困难。例如，当使用一个路径差为 10 cm 的干涉仪时，温度变化 1 ℃时将导致拍频信号产生 50 rad 的相位漂移。基于这个因素，在实际应用中，半导体激光器通常安装在铜散热器上，并且使用帕尔贴加热元件用于稳定激光器的温度，使变化保持在所选工作温度的 0.01 ℃以内，以保证输出信号的相位漂移小于 0.5 rad。对于高精度的相位测量，相位漂移补偿系统是必不可少的。最简单的方法是采用一个额外的光路干涉系统，系统具有恒定的路径差以测量相位漂移并修正测量数据。

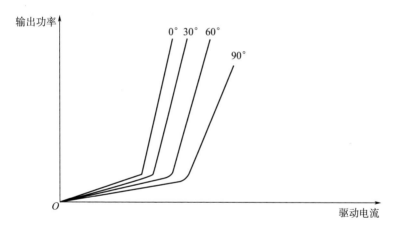

图 3 - 24　温度（摄氏度）变化的条件下输出功率随着驱动电流变化的关系

反馈光效应是半导体激光器的另外一个关键问题。来自光学系统的反馈光，特别是来自光纤系统的反馈光会显著影响激光器的性能，引起更高水平的噪声，甚至产生极坏的结果。图 3 - 25 显示的是单模半导体激光器的一些光强波形，激光光束通过使用普通显微镜物镜耦合到单模光纤中。从图 3 - 25（a）到图 3 - 25（d），半导体激光器、透镜和光纤的光轴逐渐靠近，透镜表面和光纤端面的反馈光逐渐变大，因此激光器的噪声变得更加严重。元件光轴的轻微偏

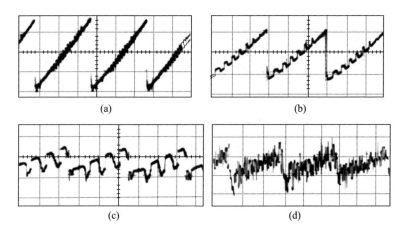

图 3 - 25　半导体激光器的反馈光效应（作者摄）

移可以降低反馈光，但这也会降低光的耦合效率。此外，增加光纤的长度使其大于激光器的相干长度也能够降低反馈光的影响。

　　因此，在实际操作中，反馈光必须被限制在非常低的水平。通常，对于投射光学系统，所有的反射面都应该涂一层抗反射膜；对于反射光学系统，必须额外添加一个光隔离器。

第4章 光学调频连续波干涉探测器

光学探测器是光学 FMCW 干涉的基本器件，也是决定光学 FMCW 干涉系统总体性能的器件。在本章中，将对光学探测器的基本知识进行简短介绍，分析研究最常用的几种半导体光电二极管（包括 PN 二极管，PIN 二极管和雪崩二极管），并对光电二极管的偏压、光电流放大和噪声源进行讨论。

4.1 光学探测器简介

光学探测器（或光电探测器）的功能是将光信号转变成电信号。光学探测器有两大分类：热探测器和量子探测器。热探测器（如热电偶、辐射热测量计和热释电探测器）的响应与入射光能量（即热量）成正比，并且响应时间通常较长（通常大于 1 ms）。

量子探测器（或光子探测器）的响应与光子入射速率成正比并且时间响应通常较快（高达 0.1 ns）。光子探测器可以进一步分为光电发射探测器（如真空光电二极管和光电倍增管）、光电导探测器（如光敏电阻器）、光伏探测器（如太阳能电池、光电二极管、光电三极管）和光电磁探测器。

光学探测器的性能一般用以下参数来描述：

1）灵敏度：探测器能感应到的光辐射的最小值，通常用噪声等效功率（Noise‐Equivalent Power，NEP）来表示。NEP 定义为在特定波长或指定光谱带宽下，产生等于指定带宽内噪声电流均方根值的光电流所需的入射光功率。为方便起见，在实际操作中我们一般在高功率照明条件下进行测量，并用公式（4‐1）计算 NEP

$$NEP = \frac{P_s}{V_s / V_n} \qquad (4-1)$$

上式中，P_s 为入射光功率，V_s 为输出信号的电压，V_n 为输出噪声电压，V_s/V_n 也被称为信噪比。

2）响应度（$\mathfrak{R}$）：输出信号（电压或电流）与入射光功率的比值。响应度通常取决于波长，其与波长之间的关系也称作频谱响应度，用 $\mathfrak{R}(\lambda)$ 来表示。

3）时间常数（τ）/斩波频率（f_c）：一个衡量光探测器响应速度的量。对于大多数光电探测器，响应度 $\mathfrak{R}$ 与入射光信号的调制频率 f 之间的关系可由如下公式决定

$$\mathfrak{R}(f) = \frac{\mathfrak{R}_0}{\sqrt{1 + 4\pi^2 f^2 \tau^2}} \qquad (4-2)$$

上式中，$\mathfrak{R}_0$ 为频率 f 等于 0 时的响应度，τ 为一常数（称作时间常数）。斩波频率 f_c 定义为响应度衰减至其最大值的 0.707 倍时的频率值。斩波频率 f_c 和时间常数 τ 的关系为

$$f_c = \frac{1}{2\pi\tau} \qquad (4-3)$$

4）量子效率（η）：可计数输出粒子（例如半导体光电二极管中的电子空穴对）的数量与入射光子的数量之比，通常以百分比值表示。

5）暗电流：输入光辐射不存在或可忽略时的输出电流。应当注意的是，虽然这个电流可以通过电路去除，但暗电流中的散粒噪声可能成为最主要的噪声源。

除此之外，还有一些其他参数用于评估光学探测器的噪声情况。常用的参数是方向性（D）和比探测率（D^*）。方向性是噪声等效功率的倒数。它也可以用入射到探测器上每单位光功率的均方根信噪比表示。

$$D = \frac{1}{\text{NEP}} = \frac{V_s/V_n}{P_s} \qquad (4-4)$$

比探测率是噪声等效功率倒数的归一化量，与面积和电气带宽依赖性相关

$$D^* = \frac{\sqrt{A\,\Delta f}}{\text{NEP}} = \sqrt{A\,\Delta f}\,D \qquad (4-5)$$

上式中，A 为光电探测器的感应面积，Δf 为频率带宽。参数 D^* 可以用来比较不同探测器的性能，当其他参数都相同时，D^* 值越大，探测器性能越好。

对用于光学 FMCW 干涉的光学探测器，主要的要求有以下六点：

1）灵敏度高：探测器的灵敏度必须要高，只有这样那些微弱的拍频信号才能够被探测到。

2）响应时间短：由于光学 FMCW 干涉的拍频频率会相当高（高达 1 GHz），探测器的响应时间必须非常短。

3）响应度线性好：探测器对光强的响应应该是线性的，这样光学拍频信号才可以被无失真地转变为电信号。

4）量子效率高：探测器对于给定的光功率值必须能够产生一个最大的电信号。

5）噪声低：探测器的暗电流和散粒噪声必须很小。

6）偏置电压低：探测器的偏置电压或电流不宜过高。

除了以上几方面，探测器的稳定性、可靠性、物理尺寸和成本都是在实际应用过程中应该考虑的因素。

至今为止，半导体光电二极管仍然被认为是用于光学 FMCW 干涉的光学探测最佳方案，因为其具有很多令人满意的性能，比如灵敏度高、响应时间短、具有可接受的线性响应度、噪声低、坚固、尺寸小并且成本相对较低。因此，在以下几节中，我们将重点关注半导体光电二极管。

4.2 半导体光电二极管

半导体光电二极管是基于光吸收效应工作的。当光照射在半导体上时，光束中光子能量 $h\nu$ 大于半导体带隙，则光可能会被吸收。半导体分子中的电子将克服原子核的引力，从价带跃迁至导带，产生电子空穴对。如果在半导体上施加电场，光生电子空穴对将被移出，从而产生通过外电路的电流。

令 E_g 表示半导体价带和导带之间的带隙能量。最大吸收波长（或截止波长）λ_c 可表示为

$$\lambda_c = \frac{hc}{E_g} \qquad (4-6)$$

上式中，h 表示普朗克常数，c 为自由空间中的光速。

将 h 和 c 的值带入，截止波长可以简化为

$$\lambda_c = \frac{1.24}{E_g} \qquad (4-7)$$

其中，λ_c 的单位为 mm，E_g 的单位为电子伏（eV）。

大多数半导体光电二极管都是由间接带隙半导体制成的，例如硅和锗，或化合物半导体铟镓砷（InGaAs）。硅元素的带隙能量为 1.11 eV，锗的带隙能量为 0.67 eV，铟镓砷的带隙能量为 0.75 eV，相应的截止波长硅为 1.12 μm，锗为 1.85 μm，铟镓砷为 1.65 μm。

4.2.1　PN 型光电二极管

早期的半导体光电二极管都是简单地采用 PN 结来实现的，如图 4-1（a）所示，大部分的光吸收都发生在耗尽区。PN 型光电二极管的电流-电压特性如图 4-1（b）所示。

在实际应用中，PN 型光电二极管可以工作在两种不同的探测模式：光伏模式和光电导模式。在光伏模式中，光电二极管为零偏置，由光吸收效应产生的电子和空穴聚集在结的两端，从而产生一个电势差。

在光电导模式中，光电二极管工作在反向偏置电压下［如图 4-1（b）中的 Q 点］，光吸收产生的电子空穴对将被耗尽区的强电场分隔开，导致在外电路产生电流。由于载流子都被外部电场驱动，因此工作在光电导模式下的光电二极管的反应时间更快。所以，我们将重点关注这种工作模式。

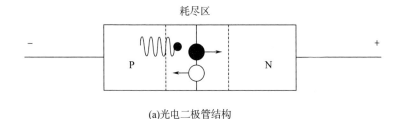

(a)光电二极管结构

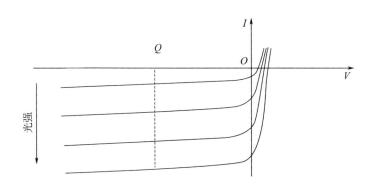

(b)电流-电压特性

图 4 - 1   PN 型光电二极管

半导体材料中的光吸收可以描述为

$$P = P_0(1 - e^{-ax}) \tag{4-8}$$

其中，P 是距离为 x 时吸收的光功率，P_0 为入射光功率，a 为与波长有关的吸收系数。考虑到空气与半导体分界面处的光反射，在距离 x 处吸收的光功率为

$$P = P_0(1 - R)(1 - e^{-ax}) \tag{4-9}$$

其中，R 为空气-半导体分界面的反射率。设 ν 为入射光的频率，在单位时间内吸收的光子数 N_p 为

$$N_p = \frac{P_0(1 - R)(1 - e^{-ax})}{h\nu} \tag{4-10}$$

因为每吸收一个光子就会产生一对电子空穴对，公式（4 - 10）也可以用来描述单位时间内产生的电子空穴对的数量。假设产生光

电流的电子空穴对只占总数的一小部分 ζ（由于电子空穴重新组合，剩余的部分都将丢失掉），光电流 I 为

$$I = \frac{e\zeta P_0(1-R)(1-\mathrm{e}^{-ax})}{h\nu} \tag{4-11}$$

上式中，e 为电子电荷量。

对于半导体二极管而言，量子效率 η 定义为产生的电子空穴对数与入射光子数的比值。因此

$$\eta = \frac{I/e}{P_0/h\nu} = \zeta(1-R)(1-\mathrm{e}^{-ax}) \tag{4-12}$$

响应度 $\Re$ 定义为单位光功率产生的光电流，因此有

$$\begin{aligned}
\Re &= \frac{I}{P_0} \\
&= \frac{e\zeta(1-R)(1-\mathrm{e}^{-ax})}{h\nu} \\
&= \frac{e\eta}{h\nu}
\end{aligned} \tag{4-13}$$

例如，对于硅光电二极管，响应度的典型值为 $0.5\ \mathrm{A/W}$。

光电探测器的响应速度主要取决于光生载流子穿过耗尽区的渡越时间。载流子穿过宽度为 w 的耗尽区的渡越时间 τ_t 由下式给出

$$\tau_t = \frac{w}{v_d} \tag{4-14}$$

上式中，v_d 为载流子的漂移速度。显然，w 越小，渡越时间 τ_t 将越短。但是，较小的 w 值有碍于实现高量子效率。

除了渡越时间限制，光电二极管的电容也对响应速度有着显著影响。光电二极管的结电容 C_d 可以写为

$$C_d = \frac{\varepsilon A}{w} \tag{4-15}$$

式中，ε 为半导体的介电常数，A 为 PN 结的面积。光电二极管的时间常数 τ 定义为

$$\tau = R_L C_d \qquad (4-16)$$

其中，R_L 为负载电阻。光电二极管的频率带宽 Δf 为

$$\Delta f = \frac{1}{2\pi\tau} \qquad (4-17)$$

显然，为了得到较短的上升时间，光电二极管应有较小的 A 和 R_L，以及较大的 w。例如，如果硅光电二极管的结电容 C_d 为 5 pF，负载电阻 R_L 为 1 000 Ω，则 $\tau = 5$ ns，$\Delta f = 32$ MHz。

4.2.2　PIN 型光电二极管

PIN 型光电二极管由一块 P 型半导体材料、一块 N 型半导体材料和一块夹在 P 区与 N 区之间的本征（或 I 型）半导体材料组成，如图 4-2 所示。由于 I 区不存在自由电荷，因此其阻抗相对较高，因此加载在二极管上的大部分电压都施加在本征区。除此之外，I 区的宽度通常比 P 区和 N 区宽得多，因此 I 区吸收光子的概率比 P 区和 N 区都要大。

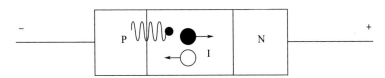

图 4-2　PIN 型光电二极管的结构

因为 I 区有一个强电场，该区中产生的任何电子空穴对都将立即被电场移出。因此，PIN 光电二极管的响应速度通常更快。例如，硅 PIN 光电二极管的时间常数能够达到 0.5 ns。而对于 PN 型光电二极管，P 区和 N 区产生的电子空穴对在被电场驱动前要首先传播到耗尽区，而且这些电子空穴对还会重新结合，导致感应电流降低。

因为载流子漂移到终点会花费较长的时间，从而降低响应速度，所以本征区的宽度不能做得太大。对于间接带隙半导体，如硅和锗，宽度通常为 20～50 μm，比较而言，对于如 InGaAs 这类直接带隙半导体，宽度通常为 3～5 μm。

　　图 4 - 3 显示的是硅、锗和 InGaAs PIN 光电二极管的响应度和量子效率与波长的关系[58]。显然，对于 850 nm 左右波长的探测，硅是最理想的材料，InGaAs 则是 $1.3~\mu m$ 与 $1.55~\mu m$ 波长区域的首选探测器材料。应注意，光电检测器的长波长截止是由于入射光子的能量小于带隙引起的，而光电检测器的短波长截止是由非常大的吸收系数 a 引起的。这种大吸收系数导致光吸收非常接近光电探测器表面，而表面附近的电子空穴复合时间非常短。因此，光生电子空穴对在检测器内重新组合，而对外部电路中的电流没有贡献。

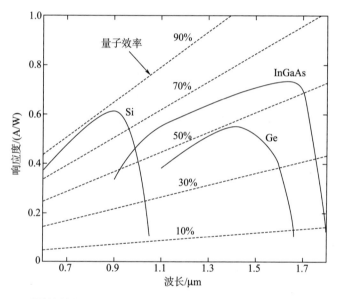

图 4 - 3　不同材料制成的 PIN 光电二极管的响应度和量子效率与波长的关系（图片来自 Gerd Keiser，《光纤通信（第二版）》（*Optical Fiber Communications，2nd edition*），McGraw - Hill Inc © 1991，再版获得 McGraw - Hill 教育授权）

4.2.3　雪崩光电二极管（APD）

　　雪崩光电二极管（APD）通过施加一个大反向电压偏置产生一个内部电流增益。就像 PIN 光电二极管一样，每吸收一个入射光子首先会产生一对电子空穴对。耗尽区的大电场致使电荷迅速加速。快速移动的电荷可以将其部分能量转移给价带中的电子并将其激发到导带中，这将导致产生一对额外的电子空穴对。新产生的电荷反过来可以进一步加速并产生更多的电子空穴对。最终引发载流子的雪崩式倍增。

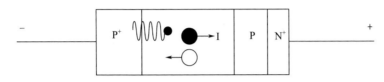

图 4 - 4　雪崩光电二极管的结构

和 PIN 光电二极管不同，APD 在本征区和高度掺杂的 N 型区之间通常有一个额外的 P 型（或 N 型）层，如图 4 - 4 所示。I 区中会继续产生电子空穴对，但是雪崩倍增发生在 P 区。加入这个额外层的好处在于雪崩倍增仅发生在一种类型的电荷载体上，因此可以大大减小散粒噪声。

APD 的倍增因数可以由如下公式表述

$$M = \frac{1}{1 - \left(\dfrac{V}{V_b}\right)^n} \tag{4-18}$$

上式中，V 为施加的反向偏置电压，V_b 为击穿电压，n 为常数（在 3 到 6 之间，取决于半导体材料和基底类型）。当 $V = V_b$、$M = \infty$ 时，光电二极管将被击穿。APD 的响应度 $\Re_{\text{APD}}$ 可以写为

$$\Re_{\text{APD}} = M\Re = \frac{Me\eta}{h\nu} \tag{4-19}$$

上式中，$\Re$ 表示相应的 PIN 光电二极管的响应度。

较大的反向偏置电压可以缩短电荷碰撞时间并减小结电容。因此，APD 的响应时间通常比 PIN 光电二极管要短。例如，硅型 APD 的时间常数能达到近 0.1 ns。不过，另一方面，较大的反向偏置电压也会放大散粒噪声。不仅如此，由于倍增因子 M 在其自身均

值上下波动，APD 也会有一个附加噪声（称为过量噪声）。通常，APD 散粒噪声电流的倍增因子可以写为 $M^{1+\sqrt{x}}$，其中 x 称为过量噪声因子。因此，在实际操作中，为了得到最好的操作性能，倍增因子和噪声必须达到相互平衡。表 4-1 显示的是硅、锗和铟镓砷型 PIN 管和雪崩光电二极管的一些重要特性[93]。

表 4-1　PIN 管和雪崩光电二极管的特性①

参数	硅		锗		铟镓砷	
	PIN	APD	PIN	APD	PIN	APD
波长范围/nm	400~1 100		800~1 800		900~1 700	
峰值/nm	900	830	1 550	1 300	1 300 (1 550)	1 300 (1 550)
响应度 $\Re$ /(A/W)	0.6	77~130	0.65~0.7	3~28	0.63~0.8 (0.75~0.97)	
量子效率/%	65~99	77	50~55	55~75	60~70	60~70
增益（M）	1	150~250	1	5~40	1	10~30
过量噪声因子（x）	—	0.3~0.5	—	0.95~1	—	0.7
偏置电压（$-V$）	45~100	220	6~10	20~35	5	<30
暗电流/nA	1~10	0.1~1.0	50~500	10~500	1~20	1~5
电容值/pF	1.2~3	1.3~2	2~5	2~5	0.5~2	0.5
上升时间/ns	0.5~1	0.1~2	0.1~0.5	0.5~0.8	0.06~0.5	0.1~0.5

4.3　光电二极管偏置和信号放大

如前所述，工作在反向偏置电压下时，半导体光电二极管会产生一个电流信号。这个电流信号一般相对微弱，需要放大后转换为

──────────

①　表格来自 A. Ghatak 和 K. Thyagarajan，《光纤光学介绍》（*Introduction to Fiber Optics*），剑桥大学出版社© 1998，再版获得剑桥大学出版社授权。

电压信号以进行后续处理。在实践中，光电二极管偏置、光电流-电压转换和信号前置放大通常都采用一个电路来实现。

　　完成上述三项工作的方法有两种。第一种方法是将光电二极管与一个负载电阻串联，把电流信号转变成电压信号，继而将负载电阻上的电压信号通过电压放大器进行放大，如图 4-5 所示，图中 V_D 为一个直流电压源，它的值取决于光电二极管的类型，PD 为一个光电二极管，R_L 为负载电阻，为电流提供流回电源的通路，其阻值决定着探测器的频率带宽，见公式（4-16）。

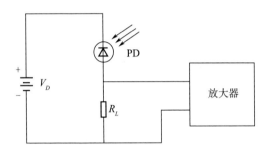

图 4-5　含有负载电阻和电压放大器的光电二极管电路

　　图 4-6 显示的是硅 PIN 光电二极管的实际电路，其中 V_D 是一个电压源，R_1 和 C_1 为用于防止输出信号通过电源线反馈到输入端的滤波元件，PD 为光电二极管，R_L 是负载电阻，OP 是一个低噪声运算放大器。电路的跨阻增益 A 由以下公式给出

$$A = \frac{V_{\text{out}}}{I_{\text{in}}} = R_L \beta \qquad (4-20)$$

其中，V_{out} 为输出电压，I_{in} 为输入光电流，β 为运算放大器的开环增益。

　　在第二种方法中，光电二极管作为电流源进行操作，跨阻放大器（如电流-电压转换器）同时对光电流进行转换和放大。第二种方法相比采用负载电阻和电压放大器的方法能够提供更低的噪声和更宽的带宽。

　　图 4-7 显示的是典型的跨阻放大器结构，FET OP 是场效应晶

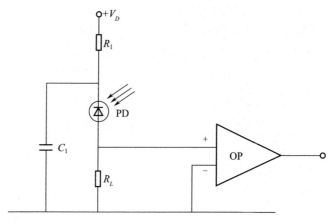

图 4 - 6　硅 PIN 光电二极管的一个实际电路

体管运算放大器，它的输入偏置电流较低，R_f 是反馈电阻。跨阻增益 A 可表示为

$$A = \frac{V_{out}}{I_{in}} = R_f \qquad (4-21)$$

其中，V_{out} 为输出电压，I_{in} 为输入光电流。

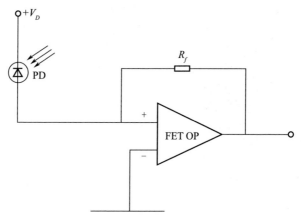

图 4 - 7　采用跨阻放大器的光电二极管电路

4.4　探测过程中的噪声

理解光探测过程中的噪声源对于实现最佳的信噪比至关重要。测量中任何微不足道的错误都可能显著降低准确度。例如，光电二极管的负载电阻选择不当可能会将电流噪声增加几个数量级。

和其他半导体器件一样，半导体光电二极管具有多种噪声源。接下来对其中重要的几种进行讨论。

1）散粒噪声：由于电流由离散的电荷流组成，而半导体材料中的载流子是随机产生的，因此出现了散粒噪声。所以，即使使用恒定光功率照射光电二极管，光电流也会在平均光功率决定的平均值上下随机波动。

散粒噪声是一种白噪声，其均值为 0。通常，我们用散粒噪声电流的均方根 I_{shot} 来表示散粒噪声的光强。根据半导体物理理论，I_{shot} 表示为

$$I_{\text{shot}} = \sqrt{2eI\Delta f} \qquad (4-22)$$

其中，e 为电子电荷量，I 为光电二极管产生的平均光电流，Δf 为研究噪声时所考虑的带宽。光电流 I 本身取决于入射光功率，因此散粒噪声会随着入射光功率的增大而增加。

应注意的是，任何光电二极管都会产生暗电流，这些电流来自热生载流子。考虑到暗电流的存在，公式（4-22）变成

$$I_{\text{shot}} = \sqrt{2e(I + I_d)\Delta f} \qquad (4-23)$$

其中 I_d 为暗电流。

2）热噪声（也称作约翰逊噪声或奈奎斯特噪声）：因为热平衡状态下载流子在电阻元器件（如光电二极管电路中的负载电阻）中随机运动，从而产生随机电压，这个随机电压就是热噪声。因为电子的运动是随机的，产生的电流均值为 0。热噪声 V_{thermal} 的均方根可写为

$$V_{\text{thermal}} = \sqrt{4k_B T R \Delta f} \qquad (4-24)$$

其中，k_B 为玻耳兹曼常数，T 为绝对温度，R 为电阻，Δf 为频率带宽。需要注意的是，热噪声电流会随着电阻 R 的减小而增大，因此要避免使用较小的负载电阻。但同时，我们又需要较小的负载电阻来保证较宽的频率响应。

3）$1/f$ 噪声：这种噪声产生的机理并未被很好地理解。一般认为，由于电阻使用的材料的阻值不断变化，承载恒定电流的电阻器两端的电压将会产生波动。阻值波动的大小取决于所采用的材料。碳组分电阻是最差的，金属膜电阻相对更好，线绕电阻的 $1/f$ 噪声最低。对于电阻来说，这种噪声源的均方根值 $V_{1/f}$ 可表示为

$$V_{1/f} = IR\sqrt{\frac{A\,\Delta f}{f}} \qquad (4-25)$$

其中，A 为一个无量纲常数（例如对于碳来说，A 大约等于 10^{-11}），R 为阻抗，f 为中心频率，Δf 为频率带宽。

通常，半导体光电二极管的噪声比后端的放大器要小得多。光学测量系统的全部噪声包括光噪声、光电二极管噪声以及放大器噪声。

第 5 章　光学调频连续波干涉相干理论

在前几章中，我们假定所有的光波都是单一的固定连续波形。实际上，从任何光源发出的光波都是极其复杂并不可预测的。甚至激光也不完全满足前面提出的理想假设。因此，可以想象，如果几个实际的光波发生干涉，合成场的光强可能和理论预测不一致。

在本章中，将对光学 FMCW 干涉光源频率带宽的影响、光学 FMCW 波相干性和光源相位噪声对光学 FMCW 拍频信号的影响进行讨论。

5.1　光源频率带宽的影响

在物理光学中，"不同频率的光波不相干"是进行分析的基本假设，任何实际光源发出的光波都包含多个频率（也称为频率带宽）。基于这个原因，如果从同一个实际光源发出的但是沿着不同路径传播的两个光波重新合束并发生干涉，那么产生的光强一定由所有的光频光强之和决定。

但是，这个理论很难解释光学 FMCW 波的表现和光学 FMCW 干涉现象，因为光学 FMCW 干涉的基本假设是频率不断变化的光波是相干的。

事实上，我们可以认为任何实际光源发出的光波都可以分解为多个不相干的分量。如果光波的频率没有经过调制，那么所有分量的频率是不变的而且互不相同，因此这些分量可以以频率（或角频率）来表征，如图 5－1（a）所示。但是，如果用特定波形调制光波的频率，则所有单个分量的频率将以相同的方式进行调制，并且这些分量应由它们的中心频率（或中心角频率）来表征，如图 5－1

（b）所示。需要注意的是，由于在调制光频时光波的组成不变，因此频率调制时的中心频率带宽应与没有频率调制时相同。

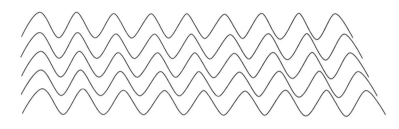

(a) 无频率调制的带限光波

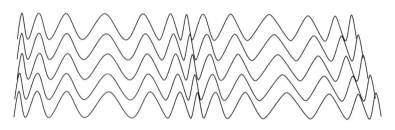

(b) 频率调制的带限光波

图 5-1　实际光波的组成

　　这个假设与传统光波的经典相干理论和经典光学干涉并不矛盾，它可以解释光学 FMCW 干涉中的相干现象。例如，如果从同一个窄频带光源得到的两个光学 FMCW 波，其频率是用锯齿波形调制的，但是通过不同路径，则再次相互干涉，所产生的光强应该是

$$I(t) = \int S(\omega_0)(i_1 + i_2)\left[1 + \frac{2\sqrt{i_1 i_2}}{i_1 + i_2}\cos(\alpha\tau t + \omega_0\tau)\right]d\omega_0$$

$$= (i_1 + i_2)\left\{\int S(\omega_0)\,d\omega_0 + \frac{2\sqrt{i_1 i_2}}{i_1 + i_2}\left[\int S(\omega_0)\cos(\alpha\tau t)\cos(\omega_0\tau)\,d\omega_0 - \right.\right.$$

$$\left.\left.\int S(\omega_0)\sin(\alpha\tau t)\sin(\omega_0\tau)\,d\omega_0\right]\right\}$$

$$= (i_1 + i_2)\left\{F(0) + \frac{2\sqrt{i_1 i_2}}{i_1 + i_2}\left[\cos(\alpha\tau t)F_c(\tau) - \sin(\alpha\tau t)F_s(\tau)\right]\right\}$$

$$= (i_1 + i_2)\left\{F(0) + \frac{2\sqrt{i_1 i_2}}{i_1 + i_2}|F(\tau)|\left[\cos(\alpha\tau t)\frac{F_c(\tau)}{F(\tau)} + \right.\right.$$

$$\left.\left.\sin(\alpha\tau t)\frac{-F_s(\tau)}{F(\tau)}\right]\right\}$$

$$= (i_1 + i_2)\left\{F(0) + \frac{2\sqrt{I_1 I_2}}{I_1 + I_2}|F(\tau)|\cos[\alpha\tau t - \theta(\tau)]\right\}$$

$$= (I_1 + I_2)\left\{1 + \frac{2\sqrt{I_1 I_2}}{I_1 + I_2}\frac{|F(\tau)|}{F(0)}\cos[\alpha\tau t - \theta(\tau)]\right\}$$

$$= I_0\{1 + V\cos[\alpha\tau t - \theta(\tau)]\}$$

$$(5-1)$$

其中，$S(\omega_0)$ 是光源的功率谱，i_1 和 i_2 是与每个波动分量相对应的两个干涉波的相对光强，$F(\tau)$ 是 $S(\omega_0)$ 的傅里叶变换，$\theta(\tau)$ 是 $F(\tau)$ 的角度，I_1 和 I_2 是两个干涉波的光强，I_0 是平均光强，V 是拍频信号的对比度，积分范围扩展到 $\pm\infty$，其中有些参量由以下公式给出

$$F_c(\tau) = \int S(\omega_0)\cos(\omega_0\tau)\,d\omega_0 \qquad (5-2)$$

$$F_s(\tau) = \int S(\omega_0)\sin(\omega_0\tau)\,d\omega_0 \qquad (5-3)$$

$$F(\tau) = \int S(\omega_0)\,e^{-j\omega_0\tau}\,d\omega_0 \qquad (5-4)$$

$$F(\tau) = F_c(\tau) - jF_s(\tau) \qquad (5-5)$$

$$\theta(\tau) = \arg[F(\tau)]$$

$$= \cos^{-1}\left(\frac{F_c(\tau)}{F(\tau)}\right) \qquad (5-6)$$

$$= \sin^{-1}\left(\frac{-F_s(\tau)}{F(\tau)}\right)$$

$$I_1 = i_1 F(0) \qquad (5-7)$$

$$I_2 = i_2 F(0) \qquad (5-8)$$

$$I_0 = I_1 + I_2 \qquad (5-9)$$

$$V = \frac{2\sqrt{I_1 I_2}}{I_1 + I_2} \frac{|F(\tau)|}{F(0)} \qquad (5-10)$$

如果光源的功率谱为如下矩形分布

$$S(\omega_0) = \begin{cases} 1 & |\omega_0 - \Omega_0| \leqslant \dfrac{\Delta\omega_0}{2} \\ 0 & |\omega_0 - \Omega_0| > \dfrac{\Delta\omega_0}{2} \end{cases} \qquad (5-11)$$

其中，$\Delta\omega_0$ 为中心角频率带宽，那么

$$F(\tau) = \Delta\omega_0 \mathrm{Sinc}\left(\frac{\Delta\omega_0}{2}\tau\right) e^{-j\Omega_0 t} \qquad (5-12)$$

$$|F(\tau)| = \Delta\omega_0 \left|\mathrm{Sinc}\left(\frac{\Delta\omega_0}{2}\tau\right)\right| \qquad (5-13)$$

$$\theta(\tau) = -\Omega_0\tau \qquad (5-14)$$

$$I(t) = (I_1 + I_2)\left[1 + \frac{2\sqrt{I_1 I_2}}{I_1 + I_2}\left|\mathrm{Sinc}\left(\frac{\Delta\omega_0}{2}\tau\right)\right|\cos(\alpha\tau t + \Omega_0\tau)\right]$$

$$(5-15)$$

公式（5-15）说明，两个在实际中相干的锯齿波调制 FMCW 波产生的拍频信号仍然是一个单频信号，并且它的初始相位与中心角频率 Ω_0 成正比，但是它的对比度需要由 $|\mathrm{Sinc}(\Delta\omega_0\tau/2)|$ 进行修正，如图 5-2 所示，Sinc 函数的定义为

$$\mathrm{Sinc}x = \frac{\sin x}{x} \qquad (5-16)$$

其中，x 为一个变量。

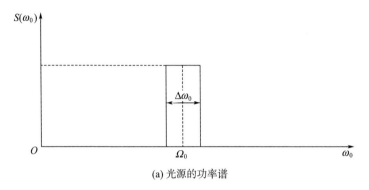

(a) 光源的功率谱

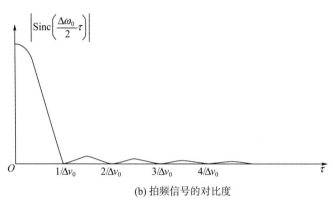

(b) 拍频信号的对比度

图 5 - 2 光源频谱宽度的影响

如果我们将拍频信号第一个零点的延迟时间和光程差分别定义为相干时间和相干长度，那么根据 $\mathrm{Sinc}(\Delta\omega_0\tau/2)$ 的性质，光源的相干时间 t_c 为

$$t_c = \frac{1}{\Delta\nu_0} \qquad (5-17)$$

其中，$\Delta\nu_0$ 为光源的中心频率带宽 $[\Delta\nu_0 = \Delta\omega_0/(2\pi)]$，光源的相干长度 l_c 为

$$l_c = \frac{c}{\Delta\nu_0} \qquad (5-18)$$

其中，c 为自由空间中的光速。显然，这些关系与现有相干理论是一致的。

5.2　光学 FMCW 波的相干性

　　光学相干性是一个复杂且活跃的研究领域，其研究的是两个或者多个光波之间的关系。光相干性通常分为两个方面，即时间相干性和空间相干性。时间相干性研究的是由空间中同一光源发出的但在不同时间发射的光波之间的相关性，这些光波与光源的频率带宽直接相关。空间相干性研究的是由空间中不同光源发出的光波之间的相关性，其与空间中光源的大小直接相关。对于光学 FMCW 干涉，由于所有的实际 FMCW 光波都来自单模激光器，并且由于受激辐射的原因，激光光束在空间中是相干的，因此 FMCW 干涉总是满足空间相干性，所以只需考虑其时间相干性。

　　现在，我们来考虑一般的情况。假设两个 FMCW 光波由同一个准单色 FMCW 激光器发出，沿着不同的路径传播然后重新结合发生干涉，在观测点处的两个光波的电场可以用 $K_1 E(t)$ 和 $K_2 E(t-\tau)$ 表示，其中 K_1 和 K_2 为两个常数，分别表示传播过程引起的振幅变化，$E(t)$ 为激光器的电场，τ 为第二个光波相对于第一个光波的延迟时间。合成场的光强可写为

$$
\begin{aligned}
I(\tau,t) &= < [K_1 E(t) + K_2 E(t-\tau)]^2 > \\
&= < [K_1 E(t) + K_2 E(t-\tau)][K_1 E(t) + K_2 E(t-\tau)]^* > \\
&= < K_1{}^2 E(t) E^*(t) > + < K_2{}^2 E(t-\tau) E^*(t-\tau) > + \\
&\quad < K_1 K_2 E(t) E^*(t-\tau) > + < K_1 K_2 E^*(t) E(t-\tau) > \\
&= I_1 + I_2 + K_1 K_2 \Gamma(\tau) + K_1 K_2 \Gamma^*(\tau) \\
&= I_1 + I_2 + 2 K_1 K_2 \mathrm{Re}[\Gamma(\tau)]
\end{aligned}
$$

$$(5-19)$$

其中，$<>$ 表示远大于光学振动周期的时段内的时间平均，$\Gamma(\tau)$ 为 $E(t)$ 的自相干函数，I_1 和 I_2 表示两个光波的光强，其定义如下

$$\Gamma(\tau) = < E(t)E^*(t - \tau) > \tag{5-20}$$
$$= \lim_{T \to \infty} \frac{1}{T} \int_0^T E(t)E^*(t - \tau)dt$$

$$I_1 = K_1{}^2 \Gamma(0) \tag{5-21}$$

$$I_2 = K_2{}^2 \Gamma(0) \tag{5-22}$$

为方便，通常将归一化自相干函数定义为复时间相干度 $\gamma(\tau)$

$$\gamma(\tau) = \frac{\Gamma(\tau)}{\Gamma(0)} \tag{5-23}$$

因此，合成场的光强可以另写为

$$I(\tau, t) = I_1 + I_1 + 2K_1 K_2 \Gamma(0) \text{Re}[\gamma(\tau)] \tag{5-24}$$
$$= I_1 + I_2 + 2\sqrt{I_1 I_2} \text{Re}[\gamma(\tau)]$$

将 $\gamma(\tau)$ 写为幅度和相位的形式，这个公式可以进一步简化

$$\gamma(\tau) = |\gamma(\tau)| e^{j\phi(\tau)}$$
$$= |\gamma(\tau)| e^{j[\Delta\phi(\tau) + \Delta\delta\phi_0(\tau)]} \tag{5-25}$$

其中，$|\gamma(\tau)|$ 称为时间相干度，$\Delta\phi(\tau)$ 为与光频和延迟时间有关的相位差，$\Delta\delta\phi_0(\tau)$ 为激光器相位噪声和由延迟时间导致的拍频信号的相位噪声。最终，合成场的光强可以写为

$$I(\tau, t) = I_1 + I_2 + 2\sqrt{I_1 I_2} |\gamma(\tau)| \cos[\Delta\phi(\tau) + \Delta\delta\phi_0(\tau)]$$
$$= (I_1 + I_2) \left\{ 1 + \frac{2\sqrt{I_1 I_2}}{I_1 + I_2} |\gamma(\tau)| \cos[\Delta\phi(\tau) + \Delta\delta\phi_0(\tau)] \right\}$$
$$= I_0 \{ 1 + V' \cos[\Delta\phi(\tau) + \Delta\delta\phi_0(\tau)] \} \tag{5-26}$$

其中，I_0 为合成场的平均光强（$I_0 = I_1 + I_2$），V' 为拍频信号的对比度

$$V' = \frac{2\sqrt{I_1 I_2}}{I_1 + I_2} |\gamma(\tau)| \tag{5-27}$$

通过将式（5-27）与式（2-20）对比，可以看到，实际 FMCW 光波产生的拍频信号的对比度是由时间相干度 $|\gamma(\tau)|$ 修正后得到的，而且初始相位要由 $\Delta\delta\phi_0(\tau)$ 修正。如果两个相干光束的

光强相等，那么对比度等于时间相干度

$$V' = |\gamma(\tau)| \qquad (5-28)$$

通常，时间相干度的值在 0 和 1 之间。当 $|\gamma(\tau)|=1$ 时，光源是相干的，$|\gamma(\tau)|=0$ 时，光源是完全非相干的。当 $|\gamma(\tau)|$ 为其他值时，我们称其为部分相干。对于非相干光源，我们无法观测到任何拍频信号，并且，如果使用部分相干光源，对比度会降低。

必须注意，光源功率谱的傅里叶变换等于其电场的自相关函数。因此，式（5-27）与式（5-10）实际上是等价的。此外，因为用于计算 FMCW 光波光强的时间远远大于光波的时间周期（T），但又远远小于拍频信号的周期（T_b），当两个或多个实际 FMCW 光波干涉时，由于光频仍随着时间变化，拍频信号的相位 $\Delta\phi(\tau)$ 仍然是时间的函数，并且合成场的相位噪声 $\Delta\delta\phi_0(\tau)$ 仍然是一个可以被测量的随机量，在下一个小节中将进一步对其进行讨论。这也许是 FMCW 光干涉与光学零差干涉的主要区别。

5.3　光源相位噪声的影响

如在第 3 章中指出的，由实际光源发出的 FMCW 光波总是含有光强和相位噪声。通常，光源（如半导体激光器）的光强噪声是一个相对缓慢变化的量，但是其相位噪声是一个快速变化的随机量，并通常会显著影响光学 FMCW 干涉的效果。

当我们考虑到相位噪声时，FMCW 光波的实际相位 $\phi_r(t)$ 由以下公式表示

$$\phi_r(t) = \int_0^t \omega(t)\mathrm{d}t + \delta\phi_0(t) \qquad (5-29)$$
$$= \phi(t) + \delta\phi_0(t)$$

其中，$\phi(t)$ 是周期性相位分量，与之前定义一致，$\delta\phi_0(t)$ 是光源的相位噪声（表示相对于周期性波形的相位波动的随机量）。实际 FMCW 光波的波函数可以写为

$$E(\tau,t)=E_0 e^{j[\phi(t-\tau)+\delta\phi_0(t-\tau)]} \tag{5-30}$$

其中，E_0 为振幅，τ 为光波从光源到空间中某一点的传播时间。

如果两个从同一光源发出的但是沿着不同路径传播的 FMCW 光波重新合束并发生干涉，那么合成场的光强可以写为

$$\begin{aligned}
I(\tau_1,\tau_2,t)&=|E_1(\tau_1,t)+E_2(\tau_2,t)|^2\\
&=[E_1(\tau_1,t)+E_2(\tau_2,t)][E_1(\tau_1,t)+E_2(\tau_2,t)]^*\\
&=E_1(\tau_1,t)E_1^*(\tau_1,t)+E_2(\tau_2,t)E_2^*(\tau_2,t)+\\
&\quad E_1(\tau_1,t)E_2^*(\tau_2,t)+E_1^*(\tau_1,t)E_2(\tau_2,t)\\
&=I_1+I_2+2\sqrt{I_1 I_2}\cos[\phi(t-\tau_1)-\phi(t-\tau_2)+\\
&\quad \delta\phi_0(t-\tau_1)-\delta\phi_0(t-\tau_2)]\\
&=I_0\{1+V\cos[\phi(t-\tau_1)-\phi(t-\tau_2)+\delta\phi_0(t-\tau_1)-\\
&\quad \delta\phi_0(t-\tau_2)]\}
\end{aligned} \tag{5-31}$$

其中，$E_1^*(\tau_1,t)$ 和 $E_2^*(\tau_2,t)$ 分别为 $E_1(\tau_1,t)$ 和 $E_2(\tau_2,t)$ 的复共轭；I_1、E_{01} 和 τ_1 分别为第一个光波的光强、振幅和传播时间 $[I_1=E_1(\tau_1,t)E_1^*(\tau_1,t)=E_{01}^2]$；$I_2$、$E_{02}$ 和 τ_2 分别为第二个光波的光强、振幅和传播时间 $[I_2=E_2(\tau_2,t)E_2^*(\tau_2,t)=E_{02}^2]$。$I_0$ 为合成场的平均光强（$I_0=I_1+I_2$），V 为拍频信号的对比度 $[V=2\sqrt{I_1 I_2}/(I_1+I_2)]$。

作变量变换 $t=t-\tau_1$，上式可重写为

$$\begin{aligned}
I(\tau,t)&=I_0\{1+V\cos[\phi(t)-\phi(t-\tau)+\delta\phi_0(t)-\Delta\delta\phi_0(t-\tau)]\}\\
&=I_0\{1+V\cos[\Delta\phi(\tau,t)+\Delta\delta\phi_0(\tau,t)]\}
\end{aligned} \tag{5-32}$$

其中，τ 为第二个光波相对于第一个光波的延迟时间（$\tau=\tau_2-\tau_1$），$\Delta\phi(\tau,t)$ 为拍频信号的正常相位

$$\Delta\phi(\tau,t)=\phi(t)-\phi(t-\tau) \tag{5-33}$$

$\Delta\delta\phi_0(\tau,t)$ 为拍频信号的相位噪声

$$\Delta\delta\phi_0(\tau,t)=\delta\phi_0(t)-\delta\phi_0(t-\tau) \tag{5-34}$$

将式（5-32）和式（2-43）对比得出，实际光源的相位噪声会在拍频信号上引起一个相位噪声。实验结果表明，FMCW 光学干涉系统引起的拍频信号的相位噪声通常是一个可测量的随机量，当然，该相位噪声也会显著降低测量精度。

一般来说，噪声的统计特性由其标准偏差表示。假设激光器噪声是一个各态历经的平稳随机过程，基于公式（5-34），拍频信号相位噪声的标准差 σ_b 可写为

$$\sigma_b^2 = 2\,\sigma_l^2 \qquad\qquad (5-35)$$

式中，σ_l 为激光器相位噪声的标准差。

需要注意的是，来自光学系统的反馈光可以非常容易地放大激光器噪声。此外，分量起伏和散射光将对拍频信号引入额外的相位噪声。因此，拍频信号的相位噪声通常随着光程差的增大而增大。

第 6 章　光学调频连续波干涉仪

　　光学干涉仪是将两个或多个来自同一光源但沿着不同路径传播的光波合束产生干涉信号的仪器或装置。光学干涉仪在精密测量领域发挥着重要作用。基于光波的干涉现象,可对许多物理量进行精确测量,例如位移、波长、光学反射率等。

　　本章将首先讨论构建光学调频连续波干涉仪的要求、步骤和特殊的考虑事项,然后介绍一些双光束分振幅 FMCW 干涉仪,包括迈克尔逊 FMCW 干涉仪、马赫-泽德 FMCW 干涉仪和法布里-珀罗 FMCW 干涉仪。

6.1　光学 FMCW 干涉仪的结构

　　构建干涉仪的基本要求是,必须有一个将两束或多束来自相同光源但沿不同路径传播的光束重新组合以发生干涉的光学装置。根据干涉所涉及的光波数目,干涉仪可分为双光束干涉仪和多光束干涉仪。

　　此外,在实践中,有两种方法来进行分光和合束:分波前法和分振幅法。在分波前干涉中,选择波前的两个或多个部分,并将其重新定向到空间中的一个公共区域以进行干涉;而在分振幅干涉中,原始波前振幅被分为两个或多个部分,每个部分都是沿着不同的路径传播,然后合束并发生干涉。因此,干涉仪也可分为分波前干涉仪和分振幅干涉仪。

　　根据第 2 章的分析,可以很容易地了解到,构建光学 FMCW 干涉仪还应满足以下要求:

　　1) 干涉光束应该是准直的,并且在干涉时彼此平行,从而消除所合成场光强的空间依赖性，并获得高对比度的拍频信号。

2）干涉仪应是非平衡的，以便获得适当频率的拍频信号。比如，在锯齿波 FMCW 干涉中，如果拍频信号的频率要大于或等于调制波形的频率（$\nu_b \geqslant \nu_m$）（即，拍频信号在每个调制周期至少具有一个整周期波），根据公式（2‐64），两个干涉光束之间的光程差 OPD 应该为

$$OPD \geqslant \frac{c}{\Delta \nu} \tag{6‐1}$$

其中，c 为光在自由空间的速度，$\Delta \nu$ 是光频调制范围。

3）干涉仪应包括将光信号转变成电信号的光电探测器，以便使用电子示波器观测时域干涉波形，或使用电路或计算机进行处理。

光学 FMCW 干涉仪具有其特殊性，因此构建光学 FMCW 干涉仪需要按照如下步骤：

1）用没有频率调制的激光构造准直光束不平衡零差干涉仪，如图 6‐1（a）所示。

2）调整光学元件，直到视野中只剩下一个明亮的条纹，然后在这个明亮的条纹中央放置光电探测器，如图 6‐1（b）所示。

3）用适当的调制波形调制激光的频率，并使用电子示波器查看电子拍频信号的波形，如图 6‐1（c）所示。

在使用半导体激光器构建光学 FMCW 干涉仪时，必须注意干涉仪的反馈光带来的影响。如第 3 章所述，半导体激光器很容易受到反馈光的干扰。从透镜的未镀膜表面反射的少量光足以引起很强的噪声。在实际应用中，元件光轴轻微的错位可以减少反馈光，但这可能会使输出光束不再准直。此外，该方法对于反射光学系统是无效的。因此，防止透射式光学系统反馈光的最佳方法是将耦合透镜镀一层减反膜；对于反射光学系统，需要额外使用光隔离器。

光隔离器是一种基于法拉第效应的磁光器件。当在玻璃上沿光传播方向施加强磁场时，入射到玻璃上的线偏振光的偏振方向将发生旋转，旋转角度 θ 可以由经验规律确定

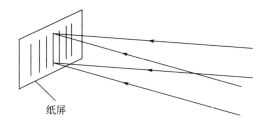

(a) 构建准直光束不平衡零差干涉仪

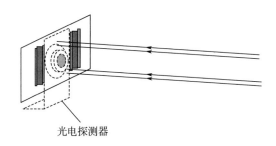

(b) 调整得到一个明亮的条纹，在条纹中心放置一个光电探测器

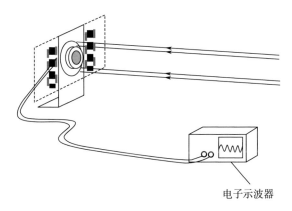

(c)调制激光频率，用示波器查看电子拍频信号的波形

图 6-1   光学调频连续波干涉仪组成

$$\theta = VBl \qquad\qquad (6-2)$$

其中，V 是一个与材料有关的常数（称作费尔德常数），B 是静态磁场，l 是玻璃的长度，如图 6-2 所示。有趣的是，旋转方向取决于磁场的方向，与入射光的传播方向无关。

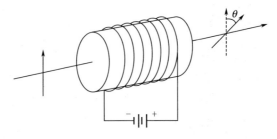

图 6-2　法拉第效应

典型的光隔离器由两个偏振器（P_1 和 P_2）和一个位于二者中间的 45°法拉第旋转体（R）组成，如图 6-3 所示。P_2 的透射轴相对于 P_1 的透射轴旋转了 45°。对于正向传输，入射光首先由 P_1 起偏，经过 R 后其偏振方向顺时针旋转 45°。由于从 R 产生的光的偏振方向与 P_2 的透射轴相同，因此光波可以通过隔离器，如图 6-3（a）所示。对于反向传播，入射光波经历相同的过程，从 R 经过 45°顺时针旋转后光的偏振方向垂直于 P_1 的透射轴，因此不能传播，如图 6-3（b）所示。由于通过隔离器的光波是偏振的，这种类型的光隔离器也被称为偏振敏感型光隔离器。

一般来说，光隔离器的性能是由插入损耗（正向透射率的倒数，以分贝计）和消光比（反向透射率与正向透射率的比值，以分贝计）来衡量的。商用偏振光隔离器的典型值是插入损耗 0.2 dB 和消光比 -40 dB。

在下面的小节中，将介绍一些由经典干涉仪（如迈克尔逊干涉仪、马赫-泽德干涉仪和法布里-珀罗干涉仪）衍生出来的双光束分振幅 FMCW 干涉仪。（为方便起见，分别称它们为迈克尔逊 FMCW 干涉仪，马赫-泽德 FMCW 干涉仪和法布里-珀罗 FMCW 干涉仪。）

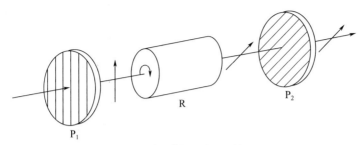

(a) 前向传播光波的透射

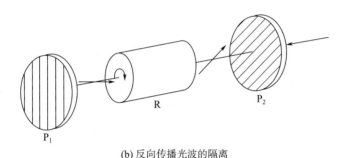

(b) 反向传播光波的隔离

图 6 - 3　光隔离器原理

分波前干涉很少用于光学 FMCW 干涉，因为它们不便于构建准直光束非平衡干涉仪。多光束干涉仪由于其存在光束交叉干涉和信号复杂的问题，也很少用于光学 FMCW 干涉。

6.2　迈克尔逊 FMCW 干涉仪

　　迈克尔逊 FMCW 干涉仪（或者称为泰曼-格林 FMCW 干涉仪）结构如图 6-4 所示。首先，FMCW 激光束通过准直透镜准直，然后通过分束器（BS）分为两束。参考光束通过路径 l_1 并由固定的镜面（M_1）反射，而测量光束通过路径 l_2 并由移动镜面（M_2）反射。这两个反射光束被同一个分束器 BS 合束产生拍频信号，并且拍频信号由光电探测器接收。

两个干涉光束之间的光程差可以写为

$$OPD = 2n(l_2 - l_1) \tag{6-3}$$

其中, n 为空气的光折射率 ($n \approx 1$), l_1 和 l_2 分别是从 BS 到 M_1 和 M_2 的距离。

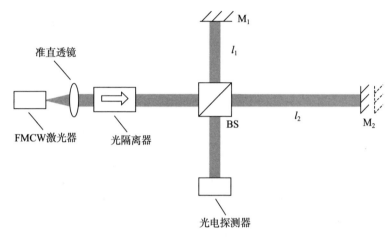

图 6-4　迈克尔逊 FMCW 干涉仪

迈克尔逊 FMCW 干涉仪通常用于测量物体的位移。例如,如果激光的频率由锯齿波进行调制,则在任何调制周期中探测到的拍频信号的光强 $I(t)$ 可写为

$$I(OPD, t) = I_0 \left[1 + V\cos\left(\frac{2\pi\Delta\nu\nu_m OPD}{c}t + \frac{2\pi}{\lambda_0}OPD\right) \right]$$

$$= I_0 [1 + V\cos(2\pi\nu_b + \phi_{b0})]$$

其中, I_0 是拍频信号的平均光强, V 是拍频信号的对比度, $\Delta\nu$ 是光频调制范围, ν_m 是调制频率, OPD 是光程差, c 是自由空间中的光速, λ_0 是中心波长, ν_b 和 ϕ_{b0} 分别是拍频信号的频率和初始相位。

考虑公式 (6-3), 拍频信号的频率 ν_b 可写为

$$\nu_b = \frac{2n(l_2 - l_1)\Delta\nu\nu_m}{c} \tag{6-4}$$

拍频信号的初始相位 ϕ_{b0} 可以写为

$$\phi_{b0} = \frac{4\pi n\,(l_2 - l_1)}{\lambda_0} \qquad (6-5)$$

因此，通过测量拍频信号的频率 ν_b ，可以得到两个镜面的距离差 $(l_2 - l_1)$ 的绝对值

$$l_2 - l_1 = \frac{c}{2n\,\Delta\nu\nu_m}\nu_b \qquad (6-6)$$

通过测量拍频信号的相移 $\Delta\phi_{b0}$ ，可以获得移动镜面的位移 Δl_2

$$\Delta l_2 = \frac{\lambda_0}{4\pi n}\Delta\phi_{b0} \qquad (6-7)$$

图 6-5 显示的是另一种形式的迈克尔逊 FMCW 干涉仪，其中采用了一个大分束器（BS）对光束进行分束和合束，用两个后向反射器（R_1 和 R_2）将参考光束和测量光束分别反射回系统。这种配置的优点之一是，反射光束摆脱了后向反射器方向和位置的影响，因为后向反射器总是对光束进行 180° 反射。这种配置的另一个优点是没有反馈光影响激光器，因为正向传播光束和反射光束沿着不同的路径传播，因此这种结构可以省略光学隔离器。

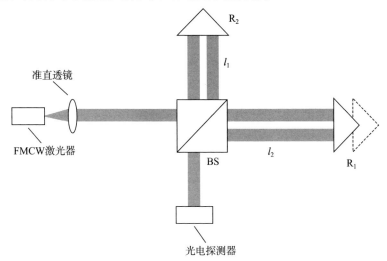

图 6-5　采用后向反射器的迈克尔逊 FMCW 干涉仪

6.3　马赫-泽德 FMCW 干涉仪

马赫-泽德 FMCW 干涉仪结构如图 6 - 6 所示，其采用两个分束器（BS_1，BS_2）和两个反射镜（M_1 和 M_2）对光束进行分束和合束。准直后的 FMCW 激光束首先由 BS_1 分成两束。一束由 M_1 反射后穿过 BS_2，传播至光电检测器；另一束由 M_2 和 BS_2 相继反射。这两个光束在经过 BS_2 后相干混频，产生的拍频信号由光电探测器接收。

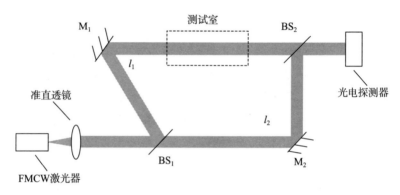

图 6 - 6　马赫-泽德 FMCW 干涉仪

两相干光束之间的光程差可以写为

$$OPD = n(l_2 - l_1) \qquad (6-8)$$

其中，n 为空气的折射率（$n \approx 1$），l_1 是从 BS_1 到 BS_2（经过 M_1）的几何路径总长度，l_2 是从 BS_1 到 BS_2（经过 M_2）的几何路径总长度，假定分光镜 BS_1 和 BS_2 是相同的。对马赫-泽德 FMCW 干涉仪的信号分析与迈克尔逊 FMCW 干涉仪类似，这里不再重复。

马赫-泽德 FMCW 干涉仪的优点是，所有激光光束都是前向传播的，因此没有反馈光影响激光器的辐射特性。其缺点是，反射镜无法在不干扰平行光束干涉装置的情况下移动。因此，马赫-泽德 FMCW 干涉仪通常用于测量放置在干涉仪一个支路中的透明室中的气体或液体的折射率。

6.4　法布里-珀罗 FMCW 干涉仪

法布里-珀罗 FMCW 干涉仪（或称为斐索 FMCW 干涉仪）结构如图 6-7 所示。准直的 FMCW 激光束通过分光镜（BS）后，一部分被一个半反半透镜（PM）反射，其余部分通过长度为 l 的空气路径传播，然后被反射镜（M）反射。两反射光束反向传播至干涉仪混合并干涉。产生的拍频信号一部分由 BS 反射并最终由光电探测器接收。

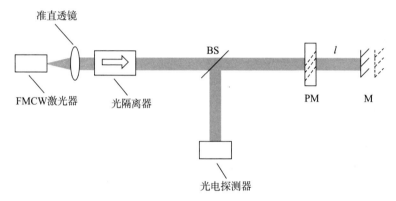

准直透镜

BS

l

FMCW激光器　　　光隔离器　　　　　　PM　　　　M

光电探测器

图 6-7　法布里-珀罗 FMCW 干涉仪

两个反射光束之间的光程差 OPD 可写为

$$OPD = 2nl \tag{6-9}$$

其中，n 为空气的折射率（$n \approx 1$），l 是从 PM 到 M 的距离。

法布里-珀罗 FMCW 干涉仪适用于测量物体的距离或位移。此外，由于其为单臂干涉，结构比迈克尔逊 FMCW 干涉仪更紧凑。

第7章 光纤调频连续波干涉仪

光纤已经被广泛应用于图像传输和光通信领域，它能够提供低噪声、低衰减、低成本、长距离和灵活的光传播介质。将光纤和光纤元件应用于光学干涉仪可使得干涉仪结构紧凑、可靠、灵活且更加精确。另外，利用光纤技术，可以实现更先进的探测技术，制作更精密的干涉仪，甚至可以开发"固体"干涉仪（即全光纤干涉仪）。

在本章中，将首先简要讨论光纤和光纤器件，然后介绍一些光纤FMCW干涉仪，包括：光纤迈克尔逊FMCW干涉仪、光纤马赫-泽德FMCW干涉仪和光纤法布里-珀罗FMCW干涉仪。

7.1 光纤简介

光纤是圆柱形的绝缘光波导，通常由高折射率透明材料芯、低折射透明材料包层和塑料保护套组成，如图7-1所示。对于某些特定的应用，光纤可能会略偏离这种对称性。

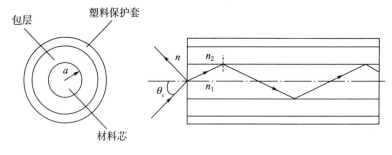

(a)光纤横截面　　　　　　　　　　(b)光在光纤中的传播

图7-1　光纤的剖面

光纤可以分为两个基本类型：阶跃折射率光纤和梯度折射率光纤。在阶跃折射率光纤中，光的传播基于纤芯-包层界面处的全内反射。根据斯涅耳定律，入射光的临界入射角

$$\theta_c = \arcsin\left[\frac{\sqrt{n_1^2 - n_2^2}}{n}\right] \tag{7-1}$$

其中，n_1 为纤芯的折射率，n_2 为包层的折射率，n 为空气的折射率。一般用数值孔径 NA 来描述临界入射角

$$NA = n\sin\theta_c = \sqrt{n_1^2 - n_2^2} \tag{7-2}$$

另外，在光纤中传播的光必须满足自干涉条件，才能被限制在波导中传播。因此，可以想象，光纤中只有有限数量的路径满足这种条件。这些路径通常称为模式。

几何光学只能给出光纤的近似描述。我们必须在导波光学的背景下（即通过求解具有光纤结构的适当边界条件的麦克斯韦方程）来理解光纤（特别是支持少量模式的光纤）的实际传播特性。

对于在纤芯和包层边界处光折射率变化小的光纤，其电场可以用标量波方程描述

$$\nabla^2 E = \frac{n(r)^2}{c^2}\frac{\partial^2 E}{\partial t^2} \tag{7-3}$$

其中，E 是电场强度，$n(r)$ 是光学折射率分布，c 是自由空间中的光速。在光纤的圆柱坐标系中，电场 $E(r, \theta, z)$ 被假定为

$$E(r, \theta, z) = R(r)\, e^{\pm jm\phi} e^{j(\omega t - \beta z)} \tag{7-4}$$

其中，m 为方位模的数量（$m = 0, 1, 2\cdots$），ω 为光波的角频率，β 为光束的传播常数，$R(r)$ 为满足本征值方程的标量场的径向分量

$$r^2\frac{d^2 R}{dr^2} + r\frac{dR}{dr} + \{[k_0^2 n^2(r) - \beta^2]r^2 - m^2\}R = 0 \tag{7-5}$$

其中，k_0 为自由空间中的传播常数。

在阶跃折射率光线中，上式在纤芯传播区域（$r < a$）的解为贝塞尔方程

$$R(r) = AJ_m\left(\frac{ur}{a}\right) \tag{7-6}$$

其中，当 A 为一个常数时，J_m 为 m 阶贝塞尔方程，a 为纤芯的半径，u 为光纤的一个参数；方程（7-5）在包层处（$r > a$）的解为修正后的贝塞尔方程

$$R(r) = B K_m \left(\frac{wr}{a} \right) \tag{7-7}$$

其中，B 为一个常数，K_m 为 m 阶修正贝塞尔方程，w 为光纤的另一个参数。光纤参数 u 和 w 分别定义为

$$\left(\frac{u}{a} \right)^2 = n_1^2 k_0^2 - \beta^2 \tag{7-8}$$

$$\left(\frac{w}{a} \right)^2 = \beta^2 - n_2^2 k_0^2 \tag{7-9}$$

其中，$n_2 k_0 \leqslant \beta \leqslant n_1 k_0$，$u$ 和 w 与归一化频率 V 相关

$$\begin{aligned} V^2 &= u^2 - w^2 \\ &= a^2 k_0^2 (n_1^2 - n_2^2) \\ &= 2 a^2 k_0^2 n_1^2 \Delta \end{aligned} \tag{7-10}$$

其中，Δ 为相对折射率差

$$\Delta = \frac{n_1^2 - n_2^2}{2 n_1^2} \approx \frac{n_1 - n_2}{n_1} \tag{7-11}$$

考虑到纤芯和包层边界处的连续性条件，以及核心区域外的导模衰减要求，有特征方程

$$\frac{u J_{m-1}(u)}{J_m(u)} = -\frac{w K_{m-1}(w)}{K_m(w)} \tag{7-12}$$

求解这些方程，可以得到传播常数 β 以及参数 u，w 和 A。另外，通过这些方程，也可以确定光纤中的模式。

根据修正的贝塞尔方程的性质，如果 $w < 0$，随着 r 增加，$K_m(wr/a)$ 增大，因此它表示在包层（即辐射模式）中传播的光波；而如果 $w > 0$，$K_m(wr/a)$ 随着 r 的增加而减小，因此它表示在纤芯（或引导模式）中传播的光波。显然，模式的截止点应该是 $w = 0$，$w \to \infty$ 代表远离截止点的光波。因此，可能的线性偏振导波模式（或 LP 模式）可以由公式 $w = 0$ 和 $w \to \infty$ 的任意两个相邻

根来区分。考虑到方程（7-12），这些方程等价于方程 $J_{m-1}(u) = 0$ 和 $J_m(u) = 0$。因此，阶跃光纤中的 LP 模式实际上由方程 $J_{m-1}(u) = 0$ 和 $J_m(u) = 0$ 的任意两个相邻根决定。

图 7-2 显示的是 $J_0(u)$ 和 $J_1(u)$ 的前几个零点以及相应的线性偏振导波模式。图 7-3 显示了阶跃折射率光纤中一些低阶模式的光强分布图。显然，只有 LP_{01} 模式具有一致的波前，并且整个场分布中没有零光强点。

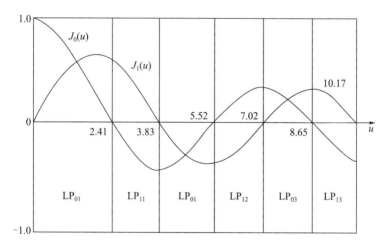

图 7-2 零阶和一阶贝塞尔方程的根值

(a) LP_{01}模式   (b) LP_{11}模式   (c) LP_{21}模式

图 7-3 阶跃折射率光纤中一些低阶模式的光强分布图

7.1.1　单模光纤

单模光纤指的是只有一种基模传输的光纤。如果阶跃折射率光纤的归一化频率 V 小于 2.405，那么光纤中就只存在一种模式（LP_{01} 模式）。因此，阶跃折射率光纤的单模传播条件为

$$V < 2.405 \qquad (7-13)^{①}$$

考虑到公式（7-10），单模光纤传播的最大纤芯半径须为

$$a = \frac{2.405\lambda}{2\pi\sqrt{n_1^2 - n_2^2}} \approx \frac{2.405\lambda}{2\pi n_1 \sqrt{2\Delta}} \qquad (7-14)$$

例如，假设 $\lambda = 0.660\ \mu m$，$n_1 = 1.45$，$\Delta = 0.003$，可以发现单模模式下最大的纤芯半径为 2.25 μm。实际上，真实的单模光纤的纤芯直径大约为 5 μm。

方便起见，通常采用有效折射率来描述光在导模中的传播速度。如，LP_{01} 模式的有效折射率系数 n_e 可定义为

$$n_e = \frac{\beta}{k_0} \qquad (7-15)$$

其中，β 为 LP_{01} 模式的传播常数，k_0 为光在自由空间中的传播常数。

事实上，每个 LP 模式都包含几个可以由矢量波动方程得到的精确矢量模式。例如，LP_{01} 模式实际上包括两种正交偏振模式：$HE_{11}{}^{x}$ 模式和 $HE_{11}{}^{y}$ 模式，如图 7-4 所示，其中箭头表示导波的偏振方向（即电场矢量的方向）。换句话说，一根单模光纤允许两个正交偏振波传播。

在实际情况中，由于圆柱对称性或内部应力的缺陷，单模光纤中总会存在微小的双折射。这种内部折射通常是不规则分布的，并且容易被诸如张力、扭曲或弯曲的环境条件放大。因此，单模光纤中光束的偏振状态可能发生不可预知的变化。

---

① 译注：原著为 $V < 2.45$，译者认为应为上文所说的 2.405。

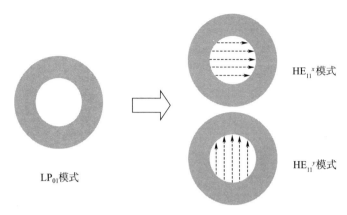

图 7-4　单模光纤中的偏振模式

7.1.2　双折射光纤

双折射光纤（也称为保偏光纤）是一种单模光纤，其内部具有较大规则的双折射，可以保持内部传播光的偏振态。这是因为两个正交偏振分量沿着双折射光纤传播，速度明显不同，因此可以防止光能量从一个模式到另一种模式的转移。

如果线偏振光束与其正交偏振模式之一耦合，则偏振态保持不变，如图 7-5（a）所示。另一方面，如果一个线性偏振光束以相对主轴（即两个正交偏振模式的偏振方向）一定夹角进入双折射光纤，则光的偏振状态会周期性地发生从线偏振态到椭圆偏振态、圆态偏振态，再到初始线偏振态的变化，把回到初始线偏振态所对应的长度，即双折射光纤中两个正交偏振模式相位差等于 2π 所对应的长度，定义为双折射光纤的拍长，如图 7-5（b）所示。拍长 Λ 可以由下式确定

$$\Lambda = \frac{2\pi}{|\beta_x - \beta_y|} \tag{7-16}$$

其中，β_x 和 β_y 分别表示 HE_{11}^x 模式和 HE_{11}^y 模式的传播常数。

有两种方法可以在光纤纤芯中引入双折射：一种方法是对纤芯预加应力，采用椭圆包层或者在纤芯相反两侧制作两个高掺杂玻璃区域，如熊猫型光纤或蝴蝶结光纤，如图 7-6（a）至图 7-6（c）

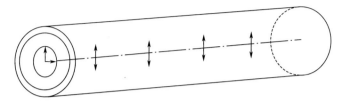

(a) 沿一个主轴传播

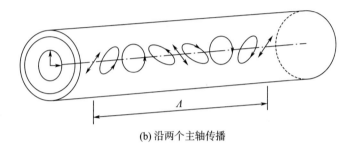

(b) 沿两个主轴传播

图 7 - 5　双折射光纤中的光传播

所示；另一种方法是制作如图 7 - 6（d）和图 7 - 6（e）所示的具有不对称性的芯，如椭圆芯光纤或双芯光纤。图 7 - 6（f）所示的椭圆芯圆包层光纤同时具有应力双折射和非对称双折射。

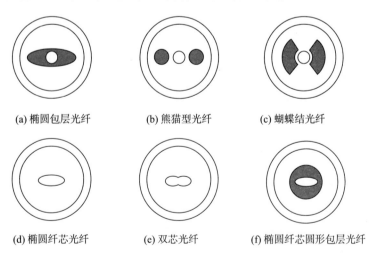

(a) 椭圆包层光纤　　　　(b) 熊猫型光纤　　　　(c) 蝴蝶结光纤

(d) 椭圆纤芯光纤　　　　(e) 双芯光纤　　　　(f) 椭圆纤芯圆形包层光纤

图 7 - 6　双折射光纤的配置

　　类似地，为了方便起见，分别用 n_{ex} 和 n_{ey} 来表示 $\mathrm{HE}_{11}{}^x$ 模式和 $\mathrm{HE}_{11}{}^y$ 模式的有效折射率系数

$$n_{ex} = \frac{\beta_x}{k_0} \tag{7-17}$$

$$n_{ey} = \frac{\beta_y}{k_0} \tag{7-18}$$

其中，k_0 为光在自由空间中的传播常数。此外，还经常使用 n_{ef} 表示双折射光纤快轴的有效折射率（即有效折射率或者传播常数较小的模式），用 n_{es} 来表示慢轴的有效折射率（即有效折射率或者传播常数较大的模式）。

　　单模光纤像光空间滤波器一样，可以调节入射光束的空间光强分布。在单模光纤中传播的光如平面波一样可以传播很长距离，而失真很小。换句话说，无论入射光束是什么样，无论光纤多长，一旦光线耦合进入单模光纤，出射光束光强的空间分布几乎相同。由于单模光纤具有如此优越的性能，因此它们广泛用于各种光纤干涉仪。

　　光纤的传输特性包括色散和衰减。单模光纤具有材料色散和模内色散，但没有模间色散。材料色散是用于纤芯和包层的玻璃固有属性。模内色散包括波导色散和剖面色散。波导色散是由于频率变化改变特定模式的传播常数，而剖面色散是由于频率变化引起纤芯和包层折射率剖面的变化，并因此引起微小但可测色散。一般情况下，剖面色散小于波导色散和材料色散，而波导色散的符号与材料色散相反。因此，材料、波导和剖面色散共同作用，总色散在特定波长可能为零。

　　导致光纤中光衰减的因素主要有两个：材料吸收和散射损耗。材料吸收包括金属离子杂质吸收，OH 离子吸收和长波分子振动吸收。散射损耗主要由瑞利散射引起，瑞利散射几乎在所有方向上产生与 $1/\lambda^4$ 成比例的能量损失。在过去的二三十年中，光纤制造技术经历了好几项重大变革。现在，玻璃中的金属离子杂质和 OH 离子

已经降到了极低的量级。商用光纤的总衰减已经小于 0.2 dB/km。

对于光纤 FMCW 干涉仪，光纤中的色散可能会导致频率调制失真，并且光纤中的吸收和散射都会引起光能的衰减，但光纤中的散射也会引入噪声。幸运的是，大多数光纤 FMCW 干涉仪使用的光纤长度小于 100 m，因此色散、吸收和散射的影响通常可以忽略不计。但是，对于一些特定的光纤干涉仪，如光纤萨格纳克陀螺仪，由于其光纤长度通常超过 1 000 m，因此必须始终考虑光纤中的色散、吸收和散射。

双折射光纤在光纤干涉仪中通常有两种用途。第一种是构建真正的单模光纤干涉仪，其中，只使用双折射光纤中的一种偏振模式传播光。由于双折射光纤能够保持传播光的偏振状态，并防止两个正交偏振模式之间的能量耦合，这种真正的单模光纤干涉仪可以避免偏振状态的改变，从而实现更高的精确度。第二种用法是构建真正的双模光纤干涉仪，其中，双折射光纤的两个正交偏振模式都被用来传播光束。

为方便起见，在本书中，不再区分单模光纤干涉仪和真正的单模光纤干涉仪，因为它们在原理和结构上完全相同。如果提到双折射光纤干涉仪，那么意思是它们是真正的双模光纤干涉仪，其中双折射光纤中的两个正交偏振模将用于传播光束。

7.2　光纤器件简介

光纤通信和光纤传感器的光纤组件需要实现多种功能，如分光、合束、隔离、起偏及检偏等。通常，这些功能的实现都是把光从光纤中引出，使用分立光学元件处理，然后再将光重新耦合回光纤中。这会中断光在光纤中的传播，导致能量损耗的增加和稳定性的降低。不过，通过使用光纤器件，这些问题可以得到恰当的解决，因为这些功能可以在光纤内部完成，而不需要把光从光纤中引出。

目前为止，已经出现了多种可用的光纤器件。应当注意，一些光纤器件就是由光纤（如光纤定向耦合器）制成的，一些光纤器件实际上是精密机械器件（如光纤连接器），还有一些光纤器件只是分立光学元件的带有尾纤封装的小型化器件（如光纤光隔离器）。在后面的小节中，将讨论常用的单模光纤器件，包括光纤定向耦合器、光纤偏振器、光纤偏振控制器、光纤连接器以及光纤对接。

7.2.1　光纤定向耦合器

光纤定向耦合器（也称为光纤光学耦合器或光纤耦合器），类似体型分束器或合束器，可以实现光的分束或合束。光纤耦合器基于波导耦合的原理：当两根光纤芯带彼此横向充分接近时，两根光纤的模式将耦合，并且光能量可以在两根光纤之间传输。传输的功率通常随着耦合长度和耦合系数（两根光纤之间相互作用强度的量度，与光纤参数、光纤的分离度和光波长有关）的乘积周期性变化。如果两根光纤的模式传播常数相等，则可以发生完全的功率交换。如果传播常数不同，则两根光纤之间仍存在周期性但不完全的功率交换。

经常使用如下参数来描述光纤耦合器的性能：

1）耦合比（R）：耦合功率与总输出功率之间的比值（百分比），或总输出功率与耦合功率之比（以分贝为单位）

$$R(\%) = \frac{P_c}{P_t + P_c} \times 100 \qquad (7-19)$$

$$R(\text{dB}) = 10\log\left(\frac{P_t + P_c}{P_c}\right) \qquad (7-20)$$

其中，P_c 表示耦合功率，P_t 表示传送的功率，如图 7-7 所示。

2）附加损耗（L_e）：输入功率与总输出功率之比（以分贝为单位）

$$L_e(\text{dB}) = 10\log\left(\frac{P_i}{P_t + P_c}\right) \qquad (7-21)$$

其中，P_i 表示输入功率。

3）插入损耗（L_i）：输入功率与耦合功率之比（单位为分贝）

$$L_i(\text{dB}) = 10\log\left(\frac{P_i}{P_c}\right) \qquad (7-22)$$

显然，L_i、L_e 和 R 的关系为

$$L_i(\mathrm{dB}) = R(\mathrm{dB}) + L_e(\mathrm{dB}) \qquad (7-23)$$

4）方向性（D）：反向耦合功率与输入功率之比（以分贝为单位）

$$D(\mathrm{dB}) = 10\log\left(\frac{P_r}{P_i}\right) \qquad (7-24)$$

其中，P_r 为耦合到第二个光纤输入端的功率。

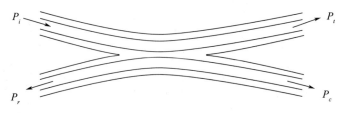

图 7-7　光纤定向耦合器

实际制作光纤耦合器的重要方法有两种：研磨法和熔融法。研磨法是通过机械研磨去除光纤包层，使纤芯裸露。首先将一根光纤粘结在一个玻璃块上的弯曲凹槽内。凹槽深度略大于光纤的包层直径，如图 7-8（a）所示。然后将带有光纤的玻璃块固定，并利用标准机械研磨技术对其进行研磨处理，直到纤芯接近裸露为止。最后将两块这样的抛光块组合起来构成一个研磨型光纤耦合器，如图 7-8（b）所示。

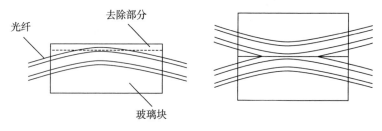

(a)抛光与光纤结合在一起的玻璃块　　　　(b)组合抛光后的两个玻璃块

图 7-8　研磨型光纤定向耦合器的制作

确定纤芯与抛光表面接近程度的有效方法是：将一滴折射率略大于纤芯折射率的匹配液分散在抛光区域，并观察光纤中光透射的变化。如果纤芯远离抛光面，光的透射几乎不会有变化。不过，如果纤芯与抛光面非常接近，那么通过光纤光的透射会迅速下降，这是由于光从纤芯到高折射率液体发生了泄漏的缘故。根据光功率下降的多少，可以估算出纤芯与抛光面的接近程度。

如果两个玻璃块之间填充有折射率匹配液，我们就可以相对另一个玻璃块横向移动一个玻璃块。这将改变纤芯之间的间距，并改变耦合比。这种研磨型光纤耦合器被称为可调谐研磨型光纤耦合器。商用可调谐研磨型光纤耦合器的耦合比可以在 0 到 100 之间连续调谐。这种耦合器的插入损耗可以低到 0.005 dB，附加损耗可以低至 0.05 dB，方向性可以小至 −70 dB。

此外，通过使用保偏光纤，我们可以制造保偏光纤耦合器或偏振分束光纤耦合器。为了制造或利用这样的光纤耦合器，保持保偏光纤主轴的正确对准非常重要。

研磨型光纤耦合器性能优越，但是制作过程很耗时。相比之下，熔融型光纤耦合器更易于制造。熔融型光纤耦合器的制作过程是：首先，去除光纤的塑料保护层，然后将两根裸单模光纤轻度扭转，对其进行加热和拉伸，使两根光纤在侧向相互熔合，如图 7 - 9 所示。从其中一根光纤输出的光功率通常随拉伸长度而振荡变化，而另一根光纤输出功率的变化与之互补。因此，在加热和拉伸过程中，

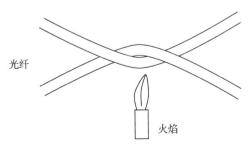

光纤

火焰

图 7 - 9　熔融型光纤定向耦合器的制作

仔细监测一根光纤的输出功率，就可以制作任意耦合比的熔融型光纤耦合器。

　　根据引导光纤的数量，光纤耦合器也可分为 1×2 Y 型耦合器，2×2 X 型耦合器和 $M \times N$ 多端口耦合器，如图 7 - 10 所示。Y 型耦合器可以通过切断 X 型耦合器的一根光纤臂得到。然而，在某些情况下，需要考虑这种 Y 型耦合器被切断一端反射光的影响。

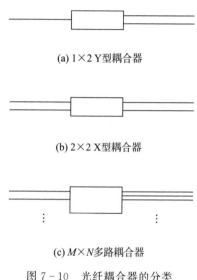

(a) 1×2 Y 型耦合器

(b) 2×2 X 型耦合器

(c) $M \times N$ 多路耦合器

图 7 - 10　光纤耦合器的分类

　　应该注意的是，光纤耦合器的耦合比可能随着波长的变化而变化。在与波长无关的耦合器中，差异可以忽略不计。然而，在波长相关耦合器中，耦合比的差异可以非常大。波长选择耦合器也可设计成将不同波长的光束分开并耦合到不同的光纤端口。这种波长选择耦合器主要是用在波分复用光纤系统中，其中，两个或者多个信号被以不同波长送入单根光纤中，之后再使用波长选择耦合器分开。

7.2.2　光纤偏振器

　　为了减小极化噪声并提高有效信号的质量，通常有必要使光纤中传播的光偏振化。到目前为止，人们已经提出了许多光纤偏振器，但其中大多数仍处于开发过程中。在本小节，将介绍两个重要的光纤偏振器：晶体包层偏振器和金属包层偏振器。

晶体包层偏振器是利用包层中的倏逝场将不需要的偏振波从光纤中耦合出去[6]。将单模光纤上一小段的部分包层去除，这使得倏逝场可以被接近，并用双折射晶体代替被去除的包层，如图 7 - 11 所示。如果晶体的折射率大于光纤的有效折射率，那么导波将在晶体中激发出一个透射波，因此光会从光纤中逃逸。另一方面，如果晶体的折射率小于光纤的有效折射率，就不会有透射波被激发，也就不会有光从光纤中逃逸。因此，适当选择晶体和光纤，可以采取让一个偏振模式辐射，让另一个偏振模式保持导行传输的方式。利用这一原理，已经实现了极低消光比（−60 dB）的光纤偏振器。（消光比定义为辐射模式透射率与导模透射率的比值，单位为分贝）。

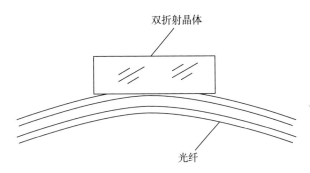

图 7 - 11　晶体包层光纤偏振器

金属偏振器基于以下原理：介质-金属界面可以支持一个导行 TM 波（即表面等离子体模式），其偏振方向垂直于介质-金属界面。由于金属的介电常数含有虚数部分，这种表面等离子体模式存在损耗。而另一方面，由于无法满足介质-金属界面上的边界条件，介质-金属界面不支持任何导行 TE 波。如果单模光纤上一小段包层被去除，并在光纤被去除部分包层的一侧镀金属膜，则偏振方向垂直于介质-金属界面的光（TM 波）会由于金属作用而产生极大的损耗，而偏振方向平行于介质-金属界面的光（TE 波）损耗却很小。例如，对于 D 型光纤的金属包层偏振器，可以实现 -39 dB 的消光比[36]。

7.2.3　光纤偏振控制器

我们知道，单模光纤不是双折射的（即，单模光纤中的两个正交偏振模式有效折射率相等）。弯曲这种光纤会在光纤中引入应力，并使光纤呈线性双折射。单模光纤中弯曲引起的双折射可以表示为

$$\Delta n_e = n_{ex} - n_{ey}$$
$$= -C \left(\frac{b}{R} \right)^2 \qquad (7-25)$$

其中，n_{ex} 和 n_{ey} 分别表示在平面内偏振并垂直于弯曲光纤平面的两种模式的有效折射率，b 是光纤的外半径，R 是弯曲光纤的半径，C 是一个取决于光纤的弹性光学特性的常数（对于二氧化硅光纤，在 633 nm 时，$C \approx 0.133$）。虽然光纤环半径越小，双折射越大，但是也会带来更大的衰减。因此，并不使用过小的弯曲半径。

弯曲引起的线性双折射可以用于制作在线光纤偏振控制器[7]，如图 7-12（a）所示。偏振控制器由 3 个光纤环组成：第一个和最后一个光纤环相当于 1/4 波长延迟器，中间的光纤环相当于一个半波片。光纤在 A、B、C 和 D 四个点的位置固定，并且三个光纤环可以自由转动，如图 7-12（b）所示。每一个光纤环的转动都会造成双折射光纤段的主轴相对于输入偏振状态的旋转。这类似于传统体型半波片或者 1/4 波片相对于入射光的旋转。三个光纤环的转动等效于一组 $\lambda/4$、$\lambda/2$ 和 $\lambda/4$ 波片的转动组合，因此，任何输入偏振态都可以转换成其他任意输出偏振态。

光纤偏振控制器常用于包含长距离单模光纤的光纤干涉仪，如单模光纤陀螺仪。在这种情况下，干涉光束的偏振状态必须完全相同，这样可以减小偏振噪声，并且获得最佳的信噪比。

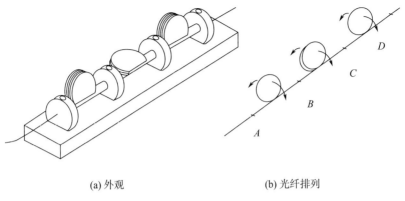

(a) 外观　　　　　　　　　　　(b) 光纤排列

图 7 - 12　在线光纤偏振控制器[7]

7.2.4　光纤连接器

　　光纤连接器用于将两根光纤临时连接在一起。目前，已经有多种可拆卸的光纤连接器，平均插入损耗在 0.2～3 dB 之间。光纤连接器可分为两类：对接连接器和扩束连接器。图 7 - 13 所示为一种对接连接器，它采用一个不锈钢基板上制作的 V 型槽来对准两根裸光纤的端面，并且在基板的两端各使用了一对弹簧片来固定要连接的光纤。对准光纤的端面一般使用盖板固定。

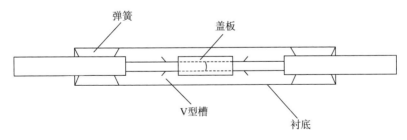

图 7 - 13　对接连接器

　　扩束连接器在两根光纤的端面使用耦合透镜或者梯度折射率透镜，如图 7 - 14 所示。一个透镜用于对发射光纤出射的光进行准直，另一个透镜则用于将扩展光束聚焦到接收光纤的纤芯上。这种连接器的优点是，由于光束是准直的，连接器内两个光纤端面可以有一定间距。因此，可以降低横向准直对连接器的影响。另外，其他光学处理元件，例如分束器、偏振器或光隔离器可以容易地插入到扩展光束中。

耦合透镜

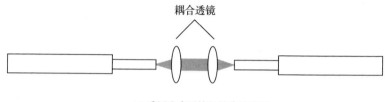

(a) 采用准直透镜的扩束连接器

梯度折射率透镜

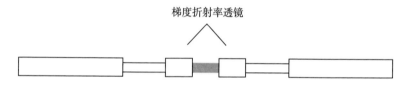

(b) 采用梯度折射率透镜的扩束连接器

图 7-14　扩束连接器

　　梯度折射率透镜是一种圆柱形玻璃棒，其折射率沿径向从中心轴向外降低。由于中心区域的折射率大于外部区域，子午光线会随着传播，周期性地向中心轴弯曲。理论分析表明，如果梯度折射率透镜的折射率分布为抛物线型

$$n(r)^2 = n_0^2 \left(\frac{1 - a^2 r^2}{2} \right) \tag{7-26}$$

其中，n_0 是中心轴上的折射率，a 是常数，r 是径向坐标，从中心轴上的一个点开始的子午线将聚焦在轴上的另一个点上，如图 7-15（a）所示。中心轴上的光线周期称为一个截距，截距 P 等于

$$P = \frac{2\pi}{a} \tag{7-27}$$

最常用的梯度折射率透镜都是 1/4 截距（或者略短于 1/4 截距）或 1/2 截距（或者略短于 1/2 截距）的。1/4 截距梯度折射率透镜，类似于准直透镜，可以对一点发射的光进行准直，或者将一个扩展光束聚焦到一点，如图 7-15（b）所示。1/2 截距梯度折射率透镜，类似于投影透镜，通常用于在后表面对前表面附近的光源成像，如图 7-15（c）所示。

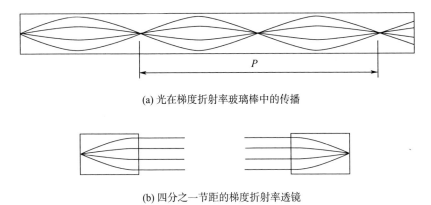

(a) 光在梯度折射率玻璃棒中的传播

(b) 四分之一节距的梯度折射率透镜

(c) 二分之一节距的梯度折射率透镜

图 7-15　光学梯度折射率透镜

梯度折射率透镜已经在光纤系统中获得了广泛应用，因为这种透镜体积小，圆柱形状使其易于安装和对准，平面端面使其易于与光纤粘贴。图 7-16 所示为另外两种经常用于激光器与光纤连接的光纤连接器。值得注意的是，由于第二个光纤连接器中包含一个光隔离器，出射光实际上是偏振的。

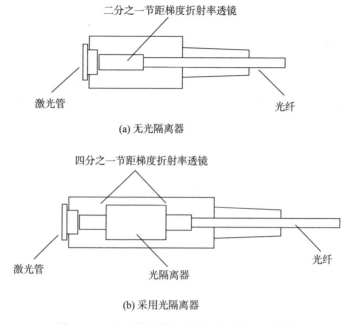

(a) 无光隔离器

(b) 采用光隔离器

图 7 - 16　用于激光器与光纤连接的光纤连接器

7.2.5　光纤对接

　　光纤对接（或光纤拼接）用于将两根光纤永久连接在一起。两种常用的光纤对接方法是熔融对接和 V 型槽对接。

　　熔融对接是通过对准备好的光纤端面的热粘结实现的。首先，使用机械微定位器夹持并对准光纤端面。然后用电弧加热对接位置，使光纤端面瞬间熔化并粘结在一起，如图 7 - 17（a）所示。这种方法可以实现极低的对接损耗，其平均值一般低于 0.09 dB，但是，使用这种方法应当非常细心，因为光纤端面错位、操作时的表面损伤、加热过程中产生的表面缺陷以及材料熔融后化学成分变化导致的残余应力都会导致对接效果变差。此外，熔接光纤时的加热可能会使对接位置附近的光纤变得非常易碎。因此，熔融对接经常会使用保护套管封装，如图 7 - 17（b）所示。

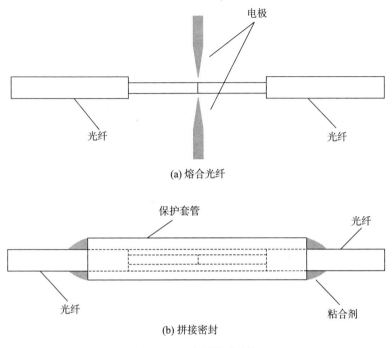

(a) 熔合光纤

(b) 拼接密封

图 7 - 17　光纤熔融对接

　　要实现 V 型槽对接，需要将光纤端头首先对接在一个 V 型槽中，如图 7 - 18 所示。然后用粘合剂将它们粘合在一起或用盖板封装。V 型槽和盖板可采用玻璃或塑料制成。该方法中的接头损耗强烈依赖于光纤的直径和偏心率（纤芯相对于光纤中心的位置）。

　　光纤和光纤器件是一个广泛的课题。关于它们的详细讨论超出了本书的范围。本书已经介绍了构建光纤 FMCW 干涉仪所需的部件。应该说明的是，由于成本的原因，一些光纤器件（如光纤偏振器、光纤隔离器和保偏光纤耦合器）还未能获得广泛使用，在本书中，我们仍然使用对应的体型光学元件。这样做的好处是，光纤系统在原理上易于解释，且与最初报道的结构接近，并且易于用普通实验设备重现。

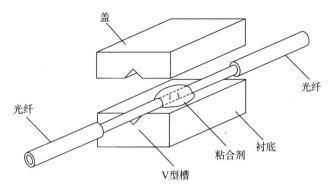

图 7-18　光纤 V 型槽对接

7.3　光纤迈克尔逊 FMCW 干涉仪

图 7-19 显示的是光纤迈克尔逊 FMCW 干涉仪的结构图，它简单地由一个 X 型单模光纤耦合器（FC）和两个反射镜（M_1 和 M_2）组成[18]。一束 FMCW 激光入射进入 FC 的一根输入光纤，被分为两束并沿两个输出光纤传输。这两束光被 M_1 和 M_2（通常是光纤端面镀银，作用就像反射镜一样）反射，并传播回 FC 发生相干混频。产生的拍频信号沿 FC 的另一根输入光纤传播，最终被一个光电探测器探测。

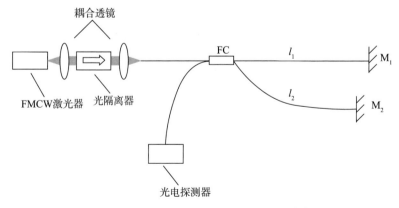

图 7-19　光纤迈克尔逊 FMCW 干涉仪[18]

　　两个干涉光束之间的光程差 OPD 可写为

$$OPD = 2n_e (l_2 - l_1) \qquad (7-28)$$

其中，n_e 为单模光纤的有效折射率，l_1 和 l_2 分别为 FC 的两根输出光纤的长度。

　　例如，如果用锯齿波调制激光器的频率，则可以将在调制周期中检测到的拍频信号的光强 $I(t)$ 写为

$$I(OPD, t) = I_0 \left[1 + V\cos\left(\frac{2\pi\Delta\nu\nu_m OPD}{c} t + \frac{2\pi}{\lambda_0} OPD \right) \right]$$
$$= I_0 [1 + V\cos(2\pi\nu_b t + \phi_{b0})]$$

其中，I_0 为拍频信号的平均光强，V 为拍频信号的对比度，$\Delta\nu$ 为光频调制偏移，ν_m 为调制频率，c 为自由空间中的光速，λ_0 为中心光波波长，ν_b 和 ϕ_{b0} 分别为拍频信号的频率和初始相位。考虑到公式（7-28），拍频信号的频率 ν_b 可写为

$$\nu_b = \frac{2n(l_2 - l_1)\Delta\nu\nu_m}{c} \qquad (7-29)$$

拍频信号的初始相位 ϕ_{b0} 可写为

$$\phi_{b0} = \frac{4\pi n(l_2 - l_1)}{\lambda_0} \qquad (7-30)$$

因此，通过测量拍频信号的频率，就能得到两个光纤臂的长度差的绝对值

$$l_2 - l_1 = \frac{c}{2n\Delta\nu\nu_m} \nu_b \qquad (7-31)$$

并且，通过测量拍频信号的相移，我们可以得到单个光纤臂的伸长量 Δl_2

$$\Delta l_2 = \frac{\lambda_0}{4\pi n_e} \Delta\phi_{b0} \qquad (7-32)$$

其中，l_1 假定为一个常数。

　　如果将光纤耦合器输出光纤中的一根放置在应变场或温度场中，则光程差将与应变或温度同步变化。因此，这种光纤干涉仪可用于测量应变或温度。

图 7-20 显示了另一种光纤迈克尔逊 FMCW 干涉仪，其中干涉仪的信号臂由一段输出光纤 l_1，一个准直透镜 L 和一面反射镜 M_1 组成。在这种情况下，两个干涉光束之间的光程差 OPD 可写为

$$OPD = n_e l_2 - [n_e l_1 + n l_1' + (n_L - n)d] \qquad (7-33)$$

其中，n 是空气的折射率，n_e 是单模光纤的有效折射率，n_L 是 L 的折射率，l_1 和 l_2 是光纤耦合器输出光纤的长度，l_1' 是从输出光纤端面到 M_1 的距离，d 是 L 的厚度。

显然，这种类型的光纤迈克尔逊 FMCW 干涉仪适用于测量物体的距离、位移或速度。

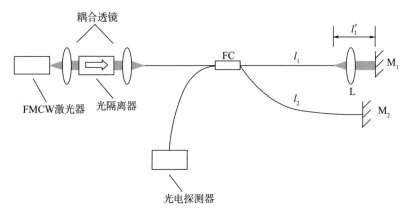

图 7-20　带光纤空气混合臂的光纤迈克尔逊 FMCW 干涉仪

7.4　光纤马赫-泽德 FMCW 干涉仪

图 7-21 中的光纤马赫-泽德 FMCW 干涉仪由两个 Y 型单模光纤耦合器（FC_1 和 FC_2）组成[20]。FC_1 的两根输出光纤与不同长度的两根输入光纤连接，构成一个非平衡光纤干涉仪。FMCW 激光束通过 FC_1，将光束均匀地分成两个输出光纤臂。在穿过光纤后，这两个光束由 FC_2 重新组合。产生的拍频信号沿着 FC_2 的输出光纤

传播并最终由光电探测器检测。两个干涉光束之间的光程差 *OPD* 可写为

$$OPD = n_e (l_2 - l_1) \qquad (7-34)$$

其中，n_e 是单模光纤的有效折射率，l_1 和 l_2 是两个光纤臂的长度。光纤马赫-泽德 FMCW 干涉仪的信号分析与光纤迈克尔逊 FMCW 干涉仪的信号分析类似，因此不再讨论。

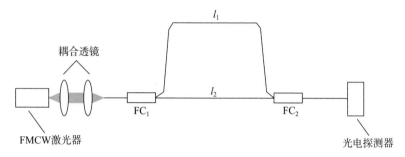

图 7-21　光纤马赫-泽德 FMCW 干涉仪[20]

图 7-22 显示了光纤马赫-泽德 FMCW 干涉仪的另一种形式，其中一个光纤臂被折断并且两个准直透镜（L_1 和 L_2）被插入到光纤臂中[47]。显然，这个臂的长度可以在很长的范围内变化。

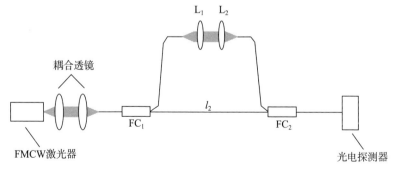

图 7-22　具有开放光纤臂的光纤马赫-泽德 FMCW 干涉仪[47]

7.5　光纤法布里-珀罗 FMCW 干涉仪

如图 7 - 23 所示，光纤法布里-珀罗 FMCW 干涉仪由一个 Y 型单模光纤耦合器（FC）组成，该单模光纤耦合器通过光纤连接器（FN）与光纤耦合器（光纤腔长度很短的单模光纤）相连[51]。一束 FMCW 激光通过光纤耦合器，并被 FC 输出光纤端面部分反射（通常是在光纤端面镀上一层部分反射膜）。而光束的剩余部分仍然沿光纤腔传播，然后被一个反射镜（M）反射。两束反射光束在光纤耦合器中相干混频，产生的拍频信号由光电探测器接收。

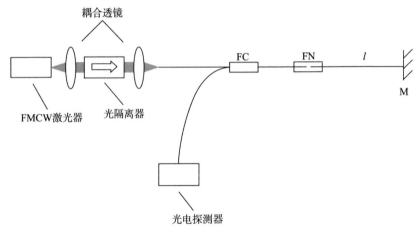

图 7 - 23　光纤法布里-珀罗 FMCW 干涉仪[51]

两个反射光束之间的光程差 OPD 可写为

$$OPD = 2n_e l \qquad (7 - 35)$$

其中，n_e 是单模光纤的有效折射率，l 是单模光纤腔的长度。对光纤法布里-珀罗 FMCW 干涉仪的信号分析与光纤马赫-泽德 FMCW 干涉仪类似。

图 7 - 24 所示为另一种光纤法布里-珀罗 FMCW 干涉仪，其中，用一个准直透镜（L）和一段空气光路替代了光纤腔。在这种情形

下，两个反射光束之间的光程差 OPD 可以写为

$$OPD = 2 [nl + (n_L - n) d] \qquad (7-36)$$

其中，l 是从光纤端到 M 的距离，n 是空气的折射率，n_L 和 d 分别是准直透镜的折射率和厚度。

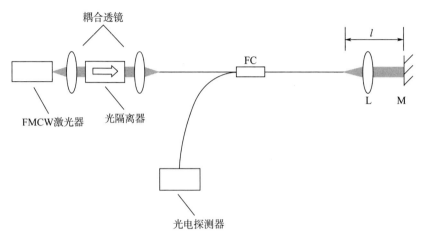

图 7-24　具有光纤-空气混合臂的光纤法布里-珀罗 FMCW 干涉仪

光纤法布里-珀罗 FMCW 干涉仪的优点是不受环境干扰，因为除光纤腔或者空气腔外，两个相干光束总是沿着相同的光纤以相同的模式传播，其结果是，环境对两个干涉光束的影响会自然抵消。因此，光纤法布里-珀罗 FMCW 干涉仪适用于远距离目标参数的远程测量。

第 8 章　多路复用光纤 FMCW 干涉仪

　　光纤干涉仪另外一个重要的优势在于，他们可以组合形成一个光纤干涉仪网络，即多路复用光纤干涉仪。一个多路复用光纤干涉仪通常包含一个光源和一个光电探测器，但可以同时测量多个不同目标或不同参量，从而能够降低单个干涉仪成本。多路复用光纤干涉仪的另外一个重要应用是，干涉仪网络中的一路或几路可以用来测量干涉仪网络周围的环境，这样就可以把环境带来的影响进行动态补偿，从而极大改善多路复用光纤干涉仪的性能。

　　要实现多路复用光纤干涉仪，通常需要采用适当的信号调制—解调方法和适当的光纤干涉仪拓扑结构，以便每一路光纤干涉仪的信号都能够被分离出来。

　　在本章中，将讨论一些重要的多路复用方法，包括频分复用法、时分复用法、时频复用法和相干复用法，以及与之相对应的多路复用光纤 FMCW 干涉仪。

　　偏振复用和强度复用法也经常在实际中使用。但是，这两种方法在原理上相对简单，将在下一章再进行讨论。

8.1　频分复用光纤 FMCW 干涉仪

　　频分复用法是基于 FMCW 干涉仪的拍频信号频率与干涉仪两个干涉光束的光程差有关。如果几个干涉仪的光程各不相同，则这些干涉仪的拍频信号频率也会各不相同，因此，可以用电子带通滤波器分开。

　　图 8-1 为频分复用光纤 FMCW 干涉仪的示意图，该干涉仪由多个光纤马赫-泽德 FMCW 干涉仪组成[34]。几个干涉仪在两根引导

光纤（通常分别称为输入光纤总线和输出光纤总线）之间通过光纤耦合器并行连接，并且拥有不同的光程差。

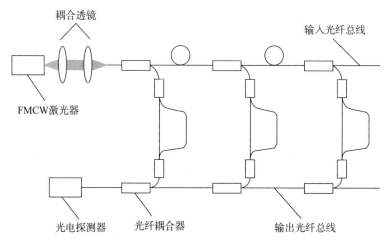

图 8 - 1　频分复用光纤马赫-泽德 FMCW 干涉仪[34]

　　实现频分复用光纤 FMCW 干涉仪的另一项要求是，来自不同干涉仪的激光束不相干。否则会产生一个多光束干涉信号，显然，如 2.3 节所述，从该信号很难分离出各个干涉仪的信号。避免这种问题的一个简单方法是，使各干涉仪之间连接光纤（在图 8 - 1 中以圆环表示）的长度长于激光的相干长度（忽略干涉仪的光纤长度）。并在这种情况下，不同干涉仪支路的光束不再具有相干性，整个光纤网络所能探测到的信号光强等于各支路拍频信号光强之和，如图 8 - 2 所示。

　　频分复用光纤 FMCW 干涉仪也可以由多个光纤迈克尔逊 FMCW 干涉仪构成，如图 8 - 3 所示。一个 FMCW 激光束入射至第一个光纤耦合器。该耦合器的输出光纤作为光纤总线使用，并与几个光纤迈克尔逊 FMCW 干涉仪相连接。同样，要求这些干涉仪之间的光程差各不相同，并且连接光纤的长度必须超过激光相干长度的一半。各个干涉仪产生的拍频信号传播回到第一个耦合器，从耦合器的第二个输入光纤中输出后，用一个光电探测器探测。

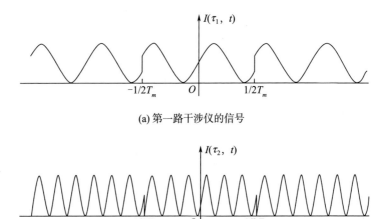

(a) 第一路干涉仪的信号

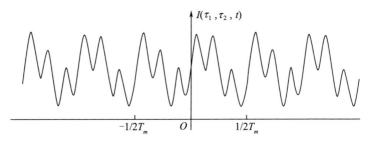

(b) 第二路干涉仪的信号

(c) 复用干涉仪的信号

图 8-2　双路频分复用光纤 FMCW 干涉仪的信号波形

频分复用法的缺点主要是:

1) 由于每个支路的干涉仪工作在一个特定的频率,所以每个支路的延时时间或光程差（OPD）变化范围有限;

2) 由于每个支路产生的拍频信号包含一系列谐波,因而不同干涉仪之间的信号会有窜扰（在9.3节详细讨论）。

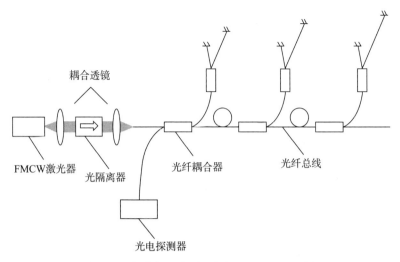

图 8 - 3　频分复用光纤迈克尔逊 FMCW 干涉仪

8.2　时分复用光纤 FMCW 干涉仪

时分复用法是基于门控频率调制，例如，门控锯齿波调制[42]。在输入光纤总线与输出光纤总线之间用光纤耦合器和较长的连接光纤（通常称为延迟光纤，用双圆环表示）并行连接多个光纤马赫-泽德 FMCW 干涉仪，如图 8 - 4 所示。要求各个延迟光纤引入的延迟时间长于频率调制周期 T_m，并且整个光纤网络引入的总延迟时间要小于门控锯齿波的间隔时间 $T_m{}'$。在上述条件下，每一支路干涉仪所产生的拍频信号将会在不同的时间到达光电探测器，从而避免了信号重叠，这样就可以使用电子门控电路分开。

图 8 - 5 所示为另一种时分复用光纤 FMCW 干涉仪的示意图，该干涉仪由几个光纤迈克尔逊 FMCW 干涉仪构成。一个门控 FMCW 激光束由第一个光纤耦合器入射。该耦合器的输出光纤作为光纤总线使用，与几个光纤迈克尔逊 FMCW 干涉仪用一定长度的延迟光纤连接。要求各延迟光纤所引入的延迟时间长于锯齿波调制周

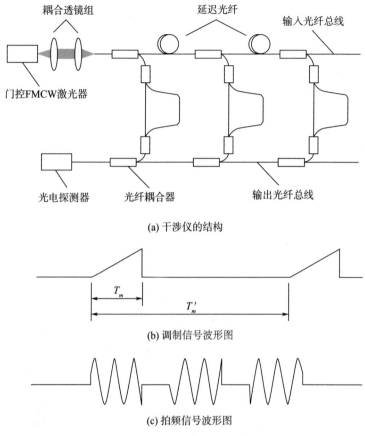

(a) 干涉仪的结构

(b) 调制信号波形图

(c) 拍频信号波形图

图 8-4　时分复用光纤马赫-泽德 FMCW 干涉仪[42]

期 T_m 的一半,并且整个光纤网络所引入的总延迟时间要短于门控锯齿波间隔时间 T_m' 的一半。

　　时分复用可以克服频分复用的一些缺点,然而,这种结构需要较长的延迟光纤,这不仅会增加系统的成本,也会导致极大的衰减,这就限制了多路复用的干涉仪的总数。例如,如果调制周期为 5 μs,单模光纤的折射率假定为 1.5,那么图 8-4 中每一段延迟光纤的长度要大于 1 km。

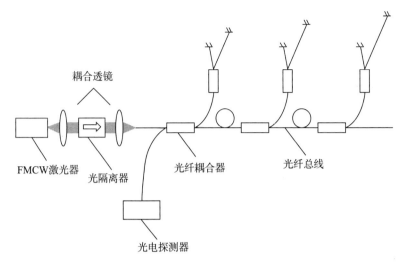

图 8 - 5　时分复用光纤迈克尔逊 FMCW 干涉仪

8.3　时频复用光纤 FMCW 干涉仪

　　为了增加复用干涉仪的数量，减少拍频信号之间的窜扰，一个可行的办法是将时分复用法和频分复用法相结合[43]。

　　图 8 - 6 所示为一种时频复用光纤马赫-泽德 FMCW 干涉仪，它由几个子系统组成。每个子系统都由几个不同光程差的光纤马赫-泽德干涉仪构成，因此，可以使用频分复用技术。各个子系统通过延迟光纤与相邻的子系统分开，因此，子系统之间可以使用时分复用技术。

　　图 8 - 7 为另外一种由多个光纤迈克尔逊干涉仪组成的时频复用 FMCW 干涉仪，其工作原理与上述相同。

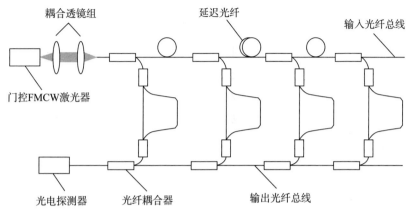

图 8-6　时频复用光纤马赫-泽德 FMCW 干涉仪

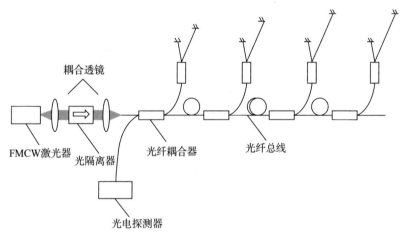

图 8-7　时频复用光纤迈克尔逊 FMCW 干涉仪

8.4　相干复用光纤 FMCW 干涉仪

　　相干复用的基本思想是，将多个光程差不同且大于激光相干长度的干涉仪（通常称为传感干涉仪）用于传感，并额外使用相同数量的干涉仪（通常称为接收干涉仪）平衡传感干涉仪的光程差来实现信息的收集[25]。

图 8-8 所示为一种相干复用光纤马赫-泽德 FMCW 干涉仪的示意图，其中，传感干涉仪在输入光纤总线与输出光纤总线之间以并行方式连接，接收干涉仪分别与输出光纤总线相连。传感干涉仪的光程差各不相同，并且比激光的相干长度长，这使得如果没有匹配的接收干涉仪，则各个干涉仪中的激光束无法实现干涉。类似地，传感干涉仪之间的连接光纤也应该比激光的相干长度长，这可以防止不同干涉仪的光束发生相干干涉。

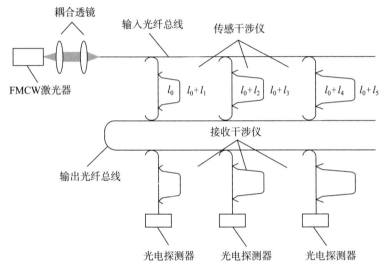

图 8-8　相干复用光纤马赫-泽德 FMCW 干涉仪[25]

在这种情况下，输出光纤总线不能直接检测到拍频信号。然而，如果接收干涉仪中的光程差与传感干涉仪中的光程差相近，则将总是存在两个光束（一个沿着传感干涉仪的长臂和接收干涉仪的短臂传播，另一个沿着传感干涉仪的短臂和接收干涉仪的长臂传播），它们可以相干地发生干涉并在后面的光电探测器处产生拍频信号。因此，可以用匹配接收干涉仪测量传感干涉仪中光程差的变化。由于每个传感干涉仪都有一个相应的匹配接收干涉仪，因此可以用相同的方法发现其他传感干涉仪的信息。

存在一个潜在的风险：一个接收干涉仪可能会与多对属于不同传感干涉仪的光纤臂相匹配。但是，合理安排光纤结构可以避免这种窜扰。例如，假设激光的相干长度为 L_c，不同传感干涉仪中光纤长度为 l_1，l_2，$\cdots l_k \cdots$，如图 8-8 所示，则相干复用干涉仪不产生窜扰的条件是

$$l_k \geqslant m_k L_c (k=1,2,3,\cdots) \qquad (8-1)$$

其中，m_k 为整数且满足

$$(m_k - m_j) \notin \{m_{k-i} - m_l\} (j<k,i<k,l<k-i) \quad (8-2)$$

例如，在最佳情形（所有的光纤臂长度最短时）下，m_k 应该使用如下序列：1，3，7，12，20，30，44，$\cdots$。

相干复用光纤 FMCW 干涉仪中传感干涉仪的最大数量取决于信噪比，即与激光功率和所有传感干涉仪的光强噪声有关。

第9章 光纤调频连续波干涉传感器

光纤传感器和光纤通信技术密不可分。光纤在光学传感中的应用是基于光纤中传播的光的各种性质可以与环境参数相一致。自 20 世纪 80 年代以来，在这一领域的广泛研究下已涌现出许多类型的光纤传感器，如光纤位移传感器、光纤应变传感器、光纤应力传感器、光纤温度传感器、光纤旋转传感器（即光纤陀螺仪）、光纤电流传感器、光纤磁场传感器和光纤化学传感器等。涉及领域包括航空航天、船舶工程、核工程、机械工程、化学工程、土木建筑和环境保护工程等。

在本章中，将首先介绍光纤传感器的一些基本知识，然后介绍一些基于光学 FMCW 干涉原理的光纤传感器，包括光纤 FMCW 干涉位移传感器、光纤 FMCW 干涉应变传感器，光纤 FMCW 干涉应力传感器、光纤 FMCW 干涉温度传感器和光纤 FMCW 干涉旋转传感器（陀螺仪）。

9.1 光纤传感器简介

光纤传感器利用在光纤中传播的光波来探测环境参数。原则上，光的任何性质，如光强、颜色、频率、相位或偏振态，都可以用来感知物理或化学参数，只要该参数会影响光的某些性质。

光纤传感器可以分为非本征型光纤传感器和本征型光纤传感器。对于非本征型光纤传感器，光纤不受参数直接影响；对于本征型光纤传感器，光纤会被外部参量直接影响。

相比于传统的电学传感器，光纤传感器已显示出诸多优点，如抗电磁干扰、电气隔离、化学钝感、灵敏度高、重量小、通用性强等。光纤传感器最重要的特点是，它们可以被改进或组合以创建多路复用或分布式光纤传感网络。这一特性在实际应用中非常重要，因为它可以从单个传感器获得多个信息，而不需要多个传感器。多路复用光纤传感器的另一个重要应用是，在网络中可以使用一个或多个传感器来测量周围环境对网络本身的影响，可以动态补偿由环境条件引入的误差，从而使传感器的精度和长期稳定性得到显著改善。

多路复用光纤传感器是一种由多个独立光纤传感器组成的传感器网络，通常使用单个光源和单个光电探测器。构成一个多路复用光纤传感器，通常需要采用合适的信号调制解调方法（如在前面的章节中讨论的频分复用法、时分复用法、时频复用法和相干复用法）和具有适当拓扑结构的光纤传输网络，以便从不同的光纤传感器中分离信息。

分布式光纤传感器不同于多路复用光纤传感器，这种传感器由连续的光纤组成，光纤通常没有接头或分支。分布式光纤传感器不仅可以检测参数的大小，而且可以检测参数的位置。构建一个分布式光纤传感器，一般需要一根传播特性可以可靠地根据参量变化而变化的适当光纤和一种进行绝对光程差测量的适当方法［如光时域反射技术（OTDR）、白光干涉技术和光学 FMCW 干涉技术］，这样才能够确定参数的大小和位置。

在理想情形下，分布式光纤传感器应当能够一次给出沿着传感光纤所有位置的信息。但是，一些分布式光纤传感器，由于其本身性质的限制，只能一次给出一个或者有限个位置的信息，这些传感器称为准分布式光纤传感器。

光纤传感器是一个广泛的话题。对光纤传感器的系统讨论超出了本书的范围。因此，本章将集中讨论基于光学 FMCW 干涉的光纤传感器。

基于光学干涉原理的光纤传感器通常被称为干涉型光纤传感器。显然，干涉型光纤传感器特别适合于位移、距离和光学折射率的测量，因为这些量与干涉型光纤传感器中的光程差直接相关。然而，由于电光效应、弹光效应或其他物理化学效应，干涉型光纤传感器也可以间接测量其他物理量。一般而言，如果任何物理量或化学量能够改变光程差，那么这个量就能够使用干涉型光纤传感器来测量。

通常，干涉型光纤传感器具有比其他类型的光纤传感器（如以光强为基础的光纤传感器）更高的精度水平，因为干涉型光纤传感器使用光波长作为衡量参数的尺度。FMCW 干涉型光纤传感器优于其他类型的干涉型光纤传感器，因为它们没有模糊校准和模糊的条纹计数问题，并且有能力测量光程差的绝对值。

原则上，在第 7 章介绍的光纤 FMCW 干涉仪和第 8 章介绍的多路光纤 FMCW 干涉仪可作为光纤传感器直接测量距离、位移、光学折射率或间接测量其他物理量和化学量。但是，这些干涉仪的结构通常不适用于实际情况。例如，在第 7 章或第 8 章中提到的一些干涉仪中的参考光纤或引导光纤可能对环境都比较敏感，因此，环境条件的变化可能会使干涉仪无法工作。在下面的章节中，将介绍一些克服了这些问题并且更适于实际情形的改进型干涉型光纤 FMCW 传感器。

9.2　光纤 FMCW 干涉位移传感器

位移测量是计量学中的一个重要课题。它也是其他一些参量测量的基础。光纤 FMCM 位移传感器不仅可以测量信号的相对位移也可以测量绝对距离和运动速度。

9.2.1　反射式单模光纤 FMCW 位移传感器

图 9-1 所示为一种反射式单模光纤 FMCW 位移传感器[53]。该传感器主要由一个 Y 型单模光纤耦合器（FC）构成，其输出光纤远端连接一个 1/4 截距梯度折射率透镜（GL）。梯度折射率透镜的平面外表面和物体（O）的前表面构成了一个空气腔。

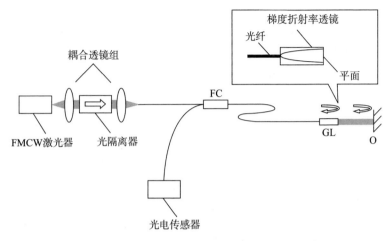

图 9-1　反射式单模光纤 FMCW 位移传感器[53]

　　FMCW 激光光束耦合进 FC 的一个输入光纤中,穿过 GL 到达 O 的前表面。被 GL 的平面外表面反射的一小部分入射光束和从 O 前表面的一小部分反射光束被同一梯度折射率透镜 GL 采集到,并分别作为参考波和信号波。这两束反射光在光纤中混合产生拍频信号。拍频信号通过光纤耦合器 FC 反向传播,从 FC 的第二个输入光纤中输出,最后由光电探测器接收。

　　该传感器中使用的 1/4 节距梯度折射率透镜有以下几项功能:首先,通过其平面外表面的反射(菲涅尔反射)提供参考光束。其次,对出射光束进行准直,射出的光束可以传播很长的距离且无显著差异。第三,它能有效地将反射的参考信号束和测量信号束收集到光纤上并产生拍频信号。

　　两个反射光束的光程差(OPD)可以写为

$$OPD = 2nd \qquad (9-1)$$

其中,n 是空气的折射率($n \approx 1$),d 是从梯度折射率透镜外表面到物体表面的距离。如果用锯齿波形调制激光器的频率,测得的拍频信号在每个调制周期内的光强 $I(t)$ 可写为

$$I(OPD,t) = I_0 \left[1 + V\cos\left(\frac{2\pi\Delta\nu\nu_m OPD}{c}t + \frac{2\pi}{\lambda_0}OPD \right) \right]$$
$$= I_0 \left[1 + V\cos(2\pi\nu_b t + \phi_{b0}) \right]$$

其中，I_0 是拍频信号的平均光强，V 是拍频信号的对比度，$\Delta\nu$ 是光学频率调制范围，ν_m 是调制频率，c 是自由空间中的光速，λ_0 是自由空间的中心光波波长，ν_b 和 ϕ_{b0} 分别是拍频信号的频率和初始相位。

结合方程（9-1），拍频信号的频率 ν_b 可以写为

$$\nu_b = \frac{2nd\,\Delta\nu\nu_m}{c} \tag{9-2}$$

拍频信号初始相位 ϕ_{b0} 可以写为

$$\phi_{b0} = \frac{4\pi nd}{\lambda_0} \tag{9-3}$$

因此，通过测量拍频信号的频率，可以得到梯度折射率透镜与物体之间的绝对距离 d

$$d = \frac{c}{2n\Delta\nu\nu_m}\nu_b \tag{9-4}$$

通过测量拍频信号初始相位的变化，就可以得到目标的相对位移 Δd

$$\Delta d = \frac{\lambda_0}{4\pi n}\phi_{b0} \tag{9-5}$$

并且，如果激光的频率是用三角波形调制，根据 2.2.2 节中的结论，可以得到平均多普勒频移 $\overline{\nu_D}$

$$\overline{\nu_D} = \frac{1}{2}\left(\overline{\nu_{br}'} - |\overline{\nu_{bf}'}| \right) \tag{9-6}$$

其中，$\overline{\nu_{br}'}$ 为调制上升段的平均拍频频率，$|\overline{\nu_{bf}'}|$ 是调制下降段的平均拍频频率。因此，可以通过下式获得运动物体的速度 s

$$s = \frac{\lambda_0}{2n}\overline{\nu_D} \tag{9-7}$$

光纤位移传感器的测量精度主要取决于激光器的相位噪声和频率漂移。与激光有关的相位噪声会造成拍频信号相位的不稳定性，

这反过来会直接影响相位测量的精度，并间接增加频率测量的不确定性。激光的频率漂移对于长期稳定性而言是一个主要问题，但是该效应可以使用 3.3.7 节介绍的方法使之最小化。激光频率调制的非线性也会造成拍频频率测量不准确，不过，该问题可以通过取平均的方法最小化。由于反射式结构的特性，这种传感器的测量范围最多可以达到激光器相干长度的一半。

这种光纤位移传感器的优点是，因单臂斐索干涉仪结构的特性，故不受外界环境干扰。换句话说，除梯度折射率透镜和物体之间的空气隙外，传感器中的两个反射光波，总是在相同长度的单模光纤中传播，环境条件（如温度变化或者光纤拉伸）对两个干涉光束的影响可以自然地得到补偿。因此，这种传感器非常稳定，并且可以用一段很长的引导光纤实现远距离目标的测量。另外，小巧的梯度折射率透镜（通常直径 2 mm，长 5 mm）和灵活易于弯曲的引导光纤，使得这种传感器也可以在一些复杂情形下工作。

9.2.2　多路反射式单模光纤 FMCW 位移传感器

前面讨论的反射式单模光纤 FMCW 位移传感器可以使用频分复用法变为多路复用位移传感器。图 9-2 所示为双传感器复用反射式单模光纤 FMCW 位移传感器，其中，使用了一个 X 型光纤耦合器（FC）[54]。X 型光纤耦合器的每一个输出端均与一个 1/4 截距梯度折射率透镜的端面连接作为一个探头。两个梯度折射率透镜（GL_1 和 GL_2）分别置于距离两个物体（O_1 和 O_2）不同间距的位置，因此两个空气腔的长度不同，两个拍频信号的频率也不同。用同一个光电探测器探测这两个拍频信号，但最终使用两个电子带通滤波器分开。

需要注意的是，为了保证两个支路形成有效的相干信号，两个引导光纤（即 FC 的两根输出光纤）的长度是不同的。其长度差（由图 9-2 中的一个圆表示）应大于激光相干长度的一半。

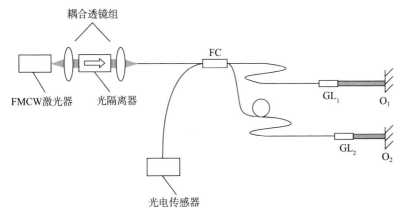

图 9 - 2　双传感器复用反射式单模光纤 FMCW 位移传感器[54]

例如，在锯齿波调制的情况下，在任何调制周期中检测到的信号 $I'(t)$ 均可以写为

$$I'(t) = (I_{01} + I_{02}) + \left[I_{01}V_1\cos\left(\frac{2\pi\Delta\nu\nu_m\,OPD_1}{c}t + \frac{2\pi}{\lambda_0}OPD_1\right) + \right.$$
$$\left. I_{02}V_2\cos\left(\frac{2\pi\Delta\nu\nu_m\,OPD_2}{c}t + \frac{2\pi}{\lambda_0}OPD_2\right) \right]$$
$$= (I_{01} + I_{02}) + [I_{01}V_1\cos(2\pi\nu_{b1}t + \phi_{b01}) + I_{02}V_2\cos(2\pi\nu_{b2}t + \phi_{b02})]$$

$$(9-8)$$

其中，I_{01}、I_{02}，V_1、V_2 和 ν_{b1}、ν_{b2}，ϕ_{b01}、ϕ_{b02} 分别是第一个传感器和第二个传感器拍频信号的平均光强、对比度、频率和初始相位。$\Delta\nu$ 是光学频率调制范围，ν_m 是调制频率，c 是真空中的光速，λ_0 是自由空间中的光波中心波长。

初始相位 ϕ_{b01} 和 ϕ_{b02} 分别由下式给出

$$\phi_{b01} = \frac{4\pi nd_1}{\lambda_0} \qquad\qquad (9-9)$$

$$\phi_{b02} = \frac{4\pi nd_2}{\lambda_0} \qquad\qquad (9-10)$$

其中，n 是空气的折射率（$n \approx 1$），d_1 是 GL$_1$ 到 O$_1$ 的距离，d_2 是从

GL_2 到 O_2 的距离。显然，这两个可动物体的位移 Δd_1 和 Δd_2 可以确定为

$$\Delta d_1 = \frac{\lambda_0}{4\pi n}\Delta\phi_{b01} \tag{9-11}$$

$$\Delta d_2 = \frac{\lambda_0}{4\pi n}\Delta\phi_{b02} \tag{9-12}$$

多路位移传感器的精度主要取决于两个拍频信号之间的窜扰。在整个时域中，每个位移传感器的拍频信号的光强 $I(t)$ 可以写为

$$I(t) = I_0\left\{1 + \left[V\cos(\alpha\tau t + \omega_0\tau)\,\mathrm{rect}_{T_m}(t)\otimes\sum_{m=-\infty}^{\infty}\delta(t - mT_m)\right]\right\}$$

$$= I_0\left\{1 + \left[V\cos(\omega_b t + \phi_{b0})\,\mathrm{rect}_{T_m}(t)\otimes\sum_{m=-\infty}^{\infty}\delta(t - mT_m)\right]\right\}$$

其中，I_0、V、ω_b 和 ϕ_{b0} 分别为拍频信号的平均光强、对比度、角频率和初始相位，T_m 是调制信号的周期。此信号的傅里叶谱 $I(\omega)$ 可以写为

$$I(\omega) = I_0\left(2\pi\delta(\omega) + \pi V\left\{\frac{\sin\left[\dfrac{(\omega + \omega_b)T_m}{2}\right]}{\dfrac{(\omega + \omega_b)T_m}{2}}e^{-j\phi_{b0}} + \right.\right.$$

$$\left.\left.\frac{\sin\left[\dfrac{(\omega - \omega_b)T_m}{2}\right]}{\dfrac{(\omega - \omega_b)T_m}{2}}e^{j\phi_{b0}}\right\}\sum_{m=-\infty}^{\infty}\delta(\omega - m\omega_m)\right)$$

$$\tag{9-13}$$

其中，ω_m 为调制角频率（$\omega_m = 2\pi/T_m$），或者有

$$I(\omega) = I_0\left(2\pi\delta(\omega) + \pi V\left\{\mathrm{Sinc}\left[\frac{(\omega + \omega_b)T_m}{2}\right]e^{-j\phi_{b0}} + \right.\right.$$

$$\left.\left.\mathrm{Sinc}\left[\frac{(\omega - \omega_b)T_m}{2}\right]e^{j\phi_{b0}}\right\}\sum_{m=-\infty}^{\infty}\delta(\omega - m\omega_m)\right)$$

$$\tag{9-14}$$

公式（9-14）表明，拍频信号的频谱是由一系列 Sinc 函数为包络的 δ 函数组成。如图 9-3 所示，Sinc 函数的最大值位于 ω_b，其零点周期等于 ω_m。每个 δ 函数代表一个谐波分量，而每个谐波分量包含初始相位 ϕ_{b0} 的信息。如果使用电子带通滤波器，选择任一谐波分量 $m\omega_m$，滤波后的信号为

$$i_m(t) = A_m \cos(m\omega_m t + \phi_{b0}) \tag{9-15}$$

其中，A_m 是一个常数，代表了第 m 个谐波分量的光强，A_m 由下式给出

$$A_m = I_0 V \mathrm{Sinc}\left[\frac{(m\omega_m - \omega_b) T_m}{2}\right] \tag{9-16}$$

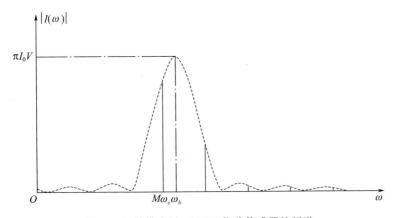

图 9-3　单模光纤 FMCW 位移传感器的频谱

一般来说，选择最密集的谐波分量 $M\omega_m$（$M\omega_m \approx \omega_b$，其中 M 是最密集的谐波分量的阶数），则通过电子滤波器后的输出信号为

$$i_M(t) = A_m \cos(M\omega_m t + \phi_{b0}) \tag{9-17}$$

如果两个传感器被多路复用，则组合信号的光强 $I'(t)$ 可写为

$$I'(t) = (I_{01} + I_{02}) + [I_{01} V_1 \cos(\omega_{b1} t + \phi_{b01}) +$$

$$I_{02} V_2 \cos(\omega_{b2} t + \phi_{b02})] \mathrm{rect}_{T_m}(t) \otimes \sum_{m=-\infty}^{\infty} \delta(t - mT_m) \tag{9-18}$$

其中，I_{01}、V_1，ω_{b1}、ϕ_{b01}，I_{02}、V_2、ω_{b2}、ϕ_{b02} 分别为第一个传感器和第二个传感器拍频信号的平均光强、对比度、角频率和初始相位。复合信号的傅里叶谱为

$$I'(\omega) = 2\pi(I_{01} + I_{02})\delta(\omega) + \pi\left\{ I_{01}V_1 \frac{\sin\left[\dfrac{(\omega + \omega_{b1})T_m}{2}\right]}{\dfrac{(\omega + \omega_{b1})T_m}{2}} e^{-j\phi_{b01}} + \right.$$

$$I_{02}V_2 \frac{\sin\left[\dfrac{(\omega + \omega_{b2})T_m}{2}\right]}{\dfrac{(\omega + \omega_{b2})T_m}{2}} e^{-j\phi_{b02}} + I_{01}V_1 \frac{\sin\left[\dfrac{(\omega - \omega_{b1})T_m}{2}\right]}{\dfrac{(\omega - \omega_{b1})T_m}{2}} e^{j\phi_{b01}} +$$

$$\left. I_{02}V_2 \frac{\sin\left[\dfrac{(\omega - \omega_{b2})T_m}{2}\right]}{\dfrac{(\omega - \omega_{b2})T_m}{2}} e^{j\phi_{b02}} \right\} \sum_{m=-\infty}^{\infty} \delta(\omega - m\omega_m)$$

$$(9-19)$$

或

$$I'(\omega) = 2\pi(I_{01} + I_{02})\delta(\omega) + \pi\left\{ I_{01}V_1 \mathrm{Sinc}\left[\frac{(\omega + \omega_{b1})T_m}{2}\right] e^{-j\phi_{b01}} + \right.$$

$$I_{02}V_2 \mathrm{Sinc}\left[\frac{(\omega + \omega_{b2})T_m}{2}\right] e^{-j\phi_{b02}} + I_{01}V_1 \mathrm{Sinc}\left[\frac{(\omega - \omega_{b1})T_m}{2}\right] e^{j\phi_{b01}} +$$

$$\left. I_{02}V_2 \mathrm{Sinc}\left[\frac{(\omega - \omega_{b2})T_m}{2}\right] e^{j\phi_{b02}} \right\} \sum_{m=-\infty}^{\infty} \delta(\omega - m\omega_m)$$

$$(9-20)$$

显然，双路复用 FMCW 位移传感器的信号频谱仍然是一系列的 δ 函数，不过，这些 δ 函数以两个分别位于 ω_{b1} 和 ω_{b2} 的 Sinc 函数最大值之和为包络，并且其零点周期为 ω_m。换句话说，合成信号的频谱是两个独立拍频信号频谱的叠加，如图 9-4 所示，实线表示第一个传感器的拍频信号的频谱，虚线表示第二个传感器的拍频信号的频谱（为了便于理解，两个频谱没有叠加在一起，而是让其中一个信号的频谱略微偏移了一下）。

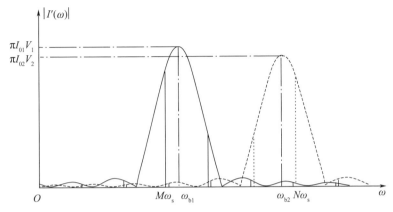

图 9 - 4 信号的频谱来自双传感器多路复用单模光纤 FMCW 位移传感器

因此，组合信号的每个谐波分量实际上由两个不同传感器提供的两部分组成，如果我们选择一个谐波分量来提取具体一个传感器检测到的相位信息，其中一部分是有效信号，另一部分则是窜扰。

通常要使两个拍频信号的频率接近于两个不同的谐波频率（例如，$\omega_{b1} \approx M\omega_m$，$\omega_{b2} \approx N\omega_m$，$N \neq M$）。如果选择 M 次谐波确定第一个物体的位移，则电子带通滤波器的输出信号 $i_M{}'(t)$ 为

$$i_M{}'(t) = B_M \cos\left\{ M\omega_m t + \arg\left\{ I_{01} V_1 \mathrm{Sinc}\left[\frac{(M\omega_m - \omega_{b1}) T_m}{2} \right] \mathrm{e}^{\mathrm{j}\phi_{b01}} + \right.\right.$$

$$\left.\left. I_{02} V_2 \mathrm{Sinc}\left[\frac{(M\omega_m - \omega_{b2}) T_m}{2} \right] \mathrm{e}^{\mathrm{j}\phi_{b02}} \right\}\right\}$$

$$(9 - 21)$$

其中，B_M 为由下式给出的常量

$$B_M = \left| I_{01} V_1 \mathrm{Sinc}\left[\frac{(M\omega_m - \omega_{b1}) T_m}{2} \right] \mathrm{e}^{\mathrm{j}\phi_{b01}} + \right.$$

$$\left. I_{02} V_2 \mathrm{Sinc}\left[\frac{(M\omega_m - \omega_{b2}) T_m}{2} \right] \mathrm{e}^{\mathrm{j}\phi_{b02}} \right|$$

$$(9 - 22)$$

比较方程（9 - 21）与方程（9 - 17），因第二个传感器的窜扰，所以第一个传感器的相位误差将变成

$$\delta\phi_{b01} = \arg\left\{ I_{01}V_1 \operatorname{Sinc}\left[\frac{(M\omega_m - \omega_{b1})\,T_m}{2}\right] e^{j\phi_{b01}} + \right.$$

$$\left. I_{02}V_2 \operatorname{Sinc}\left[\frac{(M\omega_m - \omega_{b2})\,T_m}{2}\right] e^{j\phi_{b02}} \right\} - \phi_{b01}$$

$$(9-23)$$

类似地可以推导出，如果选择 N 次谐波来确定第二个物体的位移，则由于第一个传感器的窜扰而导致第二传感器的相位误差为

$$\delta\phi_{b02} = \arg\left\{ I_{01}V_1 \operatorname{Sinc}\left[\frac{(N\omega_m - \omega_{b1})\,T_m}{2}\right] e^{j\phi_{b01}} + \right.$$

$$\left. I_{02}V_2 \operatorname{Sinc}\left[\frac{(N\omega_m - \omega_{b2})\,T_m}{2}\right] e^{j\phi_{b02}} \right\} - \phi_{b02}$$

$$(9-24)$$

由于窜扰引起的相位误差也可以用相量图来计算。旋转相量经常被用来表达简谐振动或波。例如，在双传感器复用光纤位移传感器中，可以使用相量 $\boldsymbol{P}_{1M}$ 表示第一个传感器的拍频信号的 M 次谐波分量，$\boldsymbol{P}_{2M}$ 表示第二个传感器的拍频信号的 M 次谐波分量

$$\boldsymbol{P}_{1M} = I_{01}V_1 \operatorname{Sinc}\left[\frac{(M\omega_m - \omega_{b1})\,T_m}{2}\right] e^{j\phi_{b01}} \qquad (9-25)$$

$$\boldsymbol{P}_{2M} = I_{02}V_2 \operatorname{Sinc}\left[\frac{(M\omega_m - \omega_{b2})\,T_m}{2}\right] e^{j\phi_{b02}} \qquad (9-26)$$

如果选择组合信号的 M 次谐波分量确定第一个传感器检测到的相位（假设 $\omega_{b1} \approx M\omega_m$），那么，$\boldsymbol{P}_{1M}$ 为有效信号，$\boldsymbol{P}_{2M}$ 为窜扰信号。组合信号的 M 次谐波分量的相量 $\boldsymbol{P}_M$ 可能是

$$\boldsymbol{P}_M = \boldsymbol{P}_{1M} + \boldsymbol{P}_{2M}$$

$$= I_{01}V_1 \operatorname{Sinc}\left[\frac{(M\omega_m - \omega_{b1})\,T_m}{2}\right] e^{j\phi_{b01}} + \quad (9-27)$$

$$I_{02}V_2 \operatorname{Sinc}\left[\frac{(M\omega_m - \omega_{b2})\,T_m}{2}\right] e^{j\phi_{b02}}$$

图 9-5 (a) 显示了 $\boldsymbol{P}_{1M}$，$\boldsymbol{P}_{2M}$ 和 $\boldsymbol{P}_M$ 的联系。显然，$\boldsymbol{P}_{1M}$ 和 $\boldsymbol{P}_M$ 之间的夹角等于窜扰引起的相位误差 $\delta\phi_{b01}$。尤其是当 $\boldsymbol{P}_M \perp \boldsymbol{P}_{2M}$ 时（即 $\delta\phi_{b02} \approx \delta\phi_{b01} \pm \pi/2$），$\delta\phi_{b01}$ 达到极值 $(\delta\phi_{b01})_{\text{extr}}$

$$(\delta\phi_{b01})_{\text{extr}} = \arcsin\left(\frac{P_{2M}}{P_{1M}}\right)$$

$$= \arcsin\left\{\frac{I_{02}V_2\,\text{Sinc}\left[\dfrac{(M\omega_m - \omega_{b2})\,T_m}{2}\right]}{I_{01}V_1\,\text{Sinc}\left[\dfrac{(M\omega_m - \omega_{b1})\,T_m}{2}\right]}\right\}$$

$$(9-28)$$

其中，P_{1M} 和 P_{2M} 分别为相量 $\boldsymbol{P}_{1M}$ 和 $\boldsymbol{P}_{2M}$ 的幅度，如图 9-5（b）所示。实际上，ω_{b1} 接近于 $M\omega_m$，但 ω_{b1} 远离于 ω_{b2}。因此 $\boldsymbol{P}_{1M} \gg \boldsymbol{P}_{2M}$，并且方程（9-28）可简化为

$$(\delta\phi_{b01})_{\text{extr}} \approx \frac{P_{2M}}{P_{1M}} = \frac{I_{02}V_2\,\text{Sinc}\left[\dfrac{(M\omega_m - \omega_{b2})\,T_m}{2}\right]}{I_{01}V_1\,\text{Sinc}\left[\dfrac{(M\omega_m - \omega_{b1})\,T_m}{2}\right]} \quad (9-29)$$

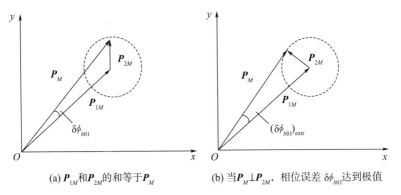

(a) $\boldsymbol{P}_{1M}$ 和 $\boldsymbol{P}_{2M}$ 的和等于 $\boldsymbol{P}_M$　　(b) 当 $\boldsymbol{P}_M \perp \boldsymbol{P}_{2M}$，相位误差 $\delta\phi_{b01}$ 达到极值

图 9-5　双传感器多路单模光纤 FMCW 位移传感器中的窜扰计算相量图

最大相位误差 $(\delta\phi_{b01})_{\max}$ 与两个拍频频率对应谐波频率的最大偏差有关，可以写成

$$(\delta\phi_{b01})_{\max} = \arcsin\left\{\dfrac{I_{02}V_2\operatorname{Sinc}\left[\dfrac{(M\omega_m - \Omega_{b2})T_m}{2}\right]}{I_{01}V_1\operatorname{Sinc}\left[\dfrac{(M\omega_m - \Omega_{b1})T_m}{2}\right]}\right\}$$

$$\approx \dfrac{I_{02}V_2\operatorname{Sinc}\left[\dfrac{(M\omega_m - \Omega_{b2})T_m}{2}\right]}{I_{01}V_1\operatorname{Sinc}\left[\dfrac{(M\omega_m - \Omega_{b1})T_m}{2}\right]}$$

$$(9-30)$$

其中，Ω_{b1} 和 Ω_{b2} 分别为两个拍频信号的最大角频率。最大位移误差 $(\delta\Delta d_1)_{\max}$ 可以写成

$$(\delta\Delta d_1)_{\max} = \dfrac{\lambda_0}{4\pi n}\arcsin\left\{\dfrac{I_{02}V_2\operatorname{Sinc}\left[\dfrac{(M\omega_m - \Omega_{b2})T_m}{2}\right]}{I_{01}V_1\operatorname{Sinc}\left[\dfrac{(M\omega_m - \Omega_{b1})T_m}{2}\right]}\right\}$$

$$\approx \dfrac{\lambda_0 I_{02}V_2\operatorname{Sinc}\left[\dfrac{(M\omega_m - \Omega_{b2})T_m}{2}\right]}{4\pi n I_{01}V_1\operatorname{Sinc}\left[\dfrac{(M\omega_m - \Omega_{b1})T_m}{2}\right]}$$

$$(9-31)$$

其中，λ_0 为自由空间中的中心光波波长。

在最好的情况下，如果位移传感器的动态范围特别狭窄（即 $\Omega_{b1}\approx M\omega_m$，$\Omega_{b2}\approx N\omega_m$），那么几乎不会有窜扰，即 $(\delta\phi_{b01})_{\max}\approx 0$，$(\delta\Delta d_1)_{\max}\approx 0$。在这种情况下，每一个单独的拍频信号的功率将各自集中在指定谐波的一个单一谱线上。

在最坏的情况下，例如，假设的位移传感器测量范围等于调制频率 ω_m（即 $\Omega_{b1}=M\omega_m+\omega_m/2$，$\Omega_{b2}=N\omega_m+\omega_m/2$），由窜扰造成的最大相位误差 $(\delta\phi_{b01})_{\max}$ 为

$$(\delta\phi_{b01})_{\max} = \dfrac{I_{02}V_2}{I_{01}V_1[2(N-M)+1]} \qquad (9-32)$$

并且，对应的最大位移误差 $(\delta\Delta d_1)_{\max}$ 为

$$(\delta \Delta d_1)_{max} = \frac{I_{02} V_2 \lambda_0}{4\pi n I_{01} V_1 [2(N-M)+1]} \qquad (9-33)$$

显然，$(\delta \phi_{b01})_{max}$ 和 $(\delta \Delta d_1)_{max}$ 与平均光强之比和两个拍频信号的对比度相关，且与两个拍频频率之差 $(N-M)$ 成反比。增加拍频的间隔可以减小窜扰。但它需要传感器有更长的空气腔。这将降低反射光束的光强并增加相干噪声。通常，两拍频信号之间的频率间隔从 $2\sim4$ 之间选择。表 9 - 1 显示了不同频率间隔对应的最大相位误差和最大位移误差。

表 9 - 1　双传感器多路单模光纤 FMCW 位移传感器的最大相位和位移误差
（假设 $\Omega_{b1} = M\omega_m + \omega_m/2$，$\Omega_{b2} = N\omega_m + \omega_m/2$，$I_{01}V_1 = I_{02}V_2$，$n=1$）

$N-M(\omega_m)$	1	2	3	4	5
$(\delta\phi_{b01})_{max}/\text{rad}$	1/3	1/5	1/7	1/9	1/11
$(\delta\Delta d_1)_{max}(\lambda_0)$	$1/12\pi$	$1/20\pi$	$1/28\pi$	$1/36\pi$	$1/44\pi$

值得注意的是，在实际中其他因素——如非线性调频响应、光强调制和激光相位噪声——会造成各个干涉仪拍频信号能量的展宽，而不是集中在单一谱线上。因此，实际的窜扰可能比理论预测大。此外，由于不同的传感器有不同长度的空气腔，信号对比度也不相同，因此不同的传感器通常有不同大小的窜扰。腔长越长，窜扰越大。

图 9 - 6 显示一个由三传感器构成的多路复用的反射式单模光纤 FMCW 位移传感器。采用 2×3 多端口单模光纤耦合器（FC）和三个 $1/4$ 截距梯度折射率透镜（GL_1、GL_2 和 GL_3）测量三个物体（O_1、O_2 和 O_3）。图 9 - 7 显示了另一种形式的三传感器多路单模光纤 FMCW 位移传感器，采用两个 X 型单模光纤耦合器（FC_1 和 FC_2）。

三传感器多路位移传感器合成信号光强 $I''(t)$ 可以写成

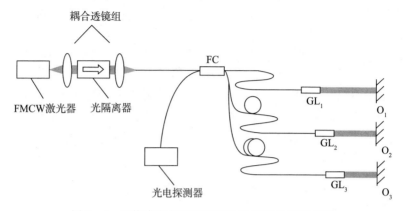

图 9-6　三传感器多路单模光纤 FMCW 位移传感器

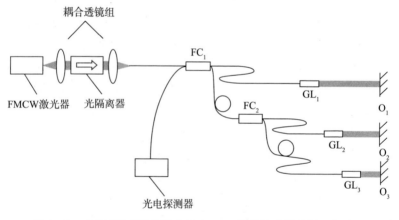

图 9-7　三传感器多路单模光纤 FMCW 位移传感器的另一种形式

$$I''(t) = (I_{01} + I_{02} + I_{03}) + [I_{01}V_1\cos(\omega_{b1}t + \phi_{b01}) +$$

$$I_{02}V_2\cos(\omega_{b2}t + \phi_{b02}) + I_{03}V_3\cos(\omega_{b3}t + \phi_{b03})] \, \text{rect}_{T_m}(t) \otimes$$

$$\sum_{m=-\infty}^{\infty} \delta(t - mT_m)$$

$$(9-34)$$

其中，I_{01}、V_1、ω_{b1} 和 ϕ_{b01} 分别为第一个传感器拍频信号的平均光

强、对比度、角频率和初始相位；I_{02}、V_2、ω_{b2} 和 ϕ_{b02} 分别为第二个传感器拍频信号的平均光强、对比度、角频率和初始相位；I_{03}、V_3、ω_{b3} 和 ϕ_{b03} 分别为第三个传感器拍频信号的平均光强、对比度、角频率和初始相位。合成信号的傅里叶频谱为

$$I''(\omega) = 2\pi(I_{01} + I_{02} + I_{03})\delta(\omega) + 2\pi^2 \left\{ I_{01}V_1 \frac{\sin\left[\dfrac{(\omega + \omega_{b1})T_m}{2}\right]}{\dfrac{(\omega + \omega_{b1})T_m}{2}} e^{-j\phi_{b01}} + \right.$$

$$I_{02}V_2 \frac{\sin\left[\dfrac{(\omega + \omega_{b2})T_m}{2}\right]}{\dfrac{(\omega + \omega_{b2})T_m}{2}} e^{-j\phi_{b02}} + I_{03}V_3 \frac{\sin\left[\dfrac{(\omega + \omega_{b3})T_m}{2}\right]}{\dfrac{(\omega + \omega_{b3})T_m}{2}} e^{-j\phi_{b03}} +$$

$$I_{01}V_1 \frac{\sin\left[\dfrac{(\omega - \omega_{b1})T_m}{2}\right]}{\dfrac{(\omega - \omega_{b1})T_m}{2}} e^{j\phi_{b01}} + I_{02}V_2 \frac{\sin\left[\dfrac{(\omega - \omega_{b2})T_m}{2}\right]}{\dfrac{(\omega - \omega_{b2})T_m}{2}} e^{j\phi_{b02}} +$$

$$\left. I_{03}V_3 \frac{\sin\left[\dfrac{(\omega - \omega_{b3})T_m}{2}\right]}{\dfrac{(\omega - \omega_{b3})T_m}{2}} e^{j\phi_{b03}} \right\} \sum_{m=-\infty}^{\infty} \delta(\omega - mT_m)$$

$$(9-35)$$

或

$$I''(\omega) = 2\pi(I_{01} + I_{02} + I_{03})\delta(\omega) + 2\pi^2 \left\{ I_{01}V_1 \mathrm{Sinc}\left[\frac{(\omega + \omega_{b1})T_m}{2}\right] e^{-j\phi_{b01}} + \right.$$

$$I_{02}V_2 \mathrm{Sinc}\left[\frac{(\omega + \omega_{b2})T_m}{2}\right] e^{-j\phi_{b02}} + I_{03}V_3 \mathrm{Sinc}\left[\frac{(\omega + \omega_{b3})T_m}{2}\right] e^{-j\phi_{b03}} +$$

$$I_{01}V_1 \mathrm{Sinc}\left[\frac{(\omega - \omega_{b1})T_m}{2}\right] e^{j\phi_{b01}} + I_{02}V_2 \mathrm{Sinc}\left[\frac{(\omega - \omega_{b2})T_m}{2}\right] e^{j\phi_{b02}} +$$

$$\left. I_{03}V_3 \mathrm{Sinc}\left[\frac{(\omega - \omega_{b3})T_m}{2}\right] e^{j\phi_{b03}} \right\} \sum_{m=-\infty}^{\infty} \delta(\omega - mT_m)$$

$$(9-36)$$

同样，三传感器多路 FMCW 位移传感器的信号频谱是一系列的

δ 函数，但这些 δ 函数以三个 Sinc 函数构成包络，其最大值位于 ω_{b1}，ω_{b2} 和 ω_{b3}，其零点周期为 ω_m。换句话说，合成信号频谱是三个独立拍频信号的频谱叠加，如图 9-8 所示，实线表示来自第一个传感器的拍频信号的频谱，虚线表示来自第二个传感器的拍频信号的频谱，点画线表示来自第三传感器的拍频信号的频谱（为表达形象，信号没有叠加，只是进行了频移）。因此，合成信号的每个谐波分量实际上由三个不同的传感器的三个部分组成。如果选择任意一个谐波分量来提取特定传感器检测到的相位信息，其中一部分是有效信号，另两部分是窜扰。

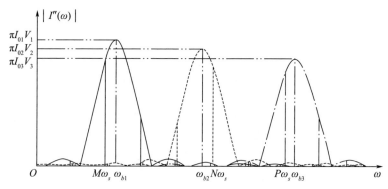

图 9-8　频谱信号来自一个三传感器多路光纤 FMCW 位移传感器

如果选择第一个传感器的 M 次谐波分量来检测位移，则电子带通滤波器的输出信号将是

$$i''(t) = C_M \cos\left(M\omega_m t + \arg\left\{ I_{01} V_1 \mathrm{Sinc}\left[\frac{(M\omega_m - \omega_{b1})\, T_m}{2} \right] \mathrm{e}^{\mathrm{j}\phi_{b01}} + \right.\right.$$
$$\left.\left. I_{02} V_2 \mathrm{Sinc}\left[\frac{(M\omega_m - \omega_{b2})\, T_m}{2} \right] \mathrm{e}^{\mathrm{j}\phi_{b02}} + I_{03} V_3 \mathrm{Sinc}\left[\frac{(M\omega_m - \omega_{b3})\, T_m}{2} \right] \mathrm{e}^{\mathrm{j}\phi_{b03}} \right\} \right)$$

$$(9-37)$$

C_M 为一个常量，由下式给出

$$C_M = \left| I_{01} V_1 \operatorname{Sinc}\left[\frac{(M\omega_m - \omega_{b1})\, T_m}{2}\right] \mathrm{e}^{\mathrm{j}\phi_{b01}} + \right.$$

$$I_{02} V_2 \operatorname{Sinc}\left[\frac{(M\omega_m - \omega_{b2})\, T_m}{2}\right] \mathrm{e}^{\mathrm{j}\phi_{b02}} + \qquad (9-38)$$

$$\left. I_{03} V_3 \operatorname{Sinc}\left[\frac{(M\omega_m - \omega_{b3})\, T_m}{2}\right] \mathrm{e}^{\mathrm{j}\phi_{b03}} \right|$$

由另外两个传感器窜扰导致的相位噪声为

$$\delta\phi_{b01} = \arg\left\{ I_{01} V_1 \operatorname{Sinc}\left[\frac{(M\omega_m - \omega_{b1})\, T_m}{2}\right] \mathrm{e}^{\mathrm{j}\phi_{b01}} + \right.$$

$$I_{02} V_2 \operatorname{Sinc}\left[\frac{(M\omega_m - \omega_{b2})\, T_m}{2}\right] \mathrm{e}^{\mathrm{j}\phi_{b02}} + $$

$$\left. I_{03} V_3 \operatorname{Sinc}\left[\frac{(M\omega_m - \omega_{b3})\, T_m}{2}\right] \mathrm{e}^{\mathrm{j}\phi_{b03}} \right\} - \phi_{b01}$$

$$(9-39)$$

滤波后信号的相量图，如图 9-9（a）所示，其中 $\boldsymbol{P}_{1M}$ 表示第一个传感器拍频信号的 M 次谐波分量，$\boldsymbol{P}_{2M}$ 表示第二个传感器拍频信号的 M 次谐波分量，$\boldsymbol{P}_{3M}$ 表示第三个传感器拍频信号的 M 次谐波分量，$\boldsymbol{P}_M$ 表示合成信号的 M 次谐波分量。这些相量分别为

$$\boldsymbol{P}_{1M} = I_{01} V_1 \operatorname{Sinc}\left[\frac{(M\omega_m - \omega_{b1})\, T_m}{2}\right] \mathrm{e}^{\mathrm{j}\phi_{b01}} \qquad (9-40)$$

$$\boldsymbol{P}_{2M} = I_{02} V_2 \operatorname{Sinc}\left[\frac{(M\omega_m - \omega_{b2})\, T_m}{2}\right] \mathrm{e}^{\mathrm{j}\phi_{b02}} \qquad (9-41)$$

$$\boldsymbol{P}_{3M} = I_{03} V_3 \operatorname{Sinc}\left[\frac{(M\omega_m - \omega_{b3})\, T_m}{2}\right] \mathrm{e}^{\mathrm{j}\phi_{b03}} \qquad (9-42)$$

$$\boldsymbol{P}_M = \boldsymbol{P}_{1M} + \boldsymbol{P}_{2M} + \boldsymbol{P}_{3M} \qquad (9-43)$$

显然，$\boldsymbol{P}_{1M}$ 和 $\boldsymbol{P}_M$ 之间的夹角等于相位误差 $\delta\phi_{b01}$。特别的，当 $\boldsymbol{P}_M \perp \boldsymbol{P}_{2M}$ 且 $\boldsymbol{P}_{2M} \parallel \boldsymbol{P}_{3M}$ 时，相位误差 $\delta\phi_{b01}$ 达到极值 $(\delta\phi_{b01})_{\mathrm{extr}}$

$$(\delta\phi_{b01})_{\text{extr}} = \arcsin\left(\frac{P_{2M} + P_{3M}}{P_{1M}}\right)$$

$$= \arcsin\left\{\frac{I_{02}V_2\,\text{Sinc}\left[\dfrac{(M\omega_m - \omega_{b2})\,T_m}{2}\right] + I_{03}V_3\,\text{Sinc}\left[\dfrac{(M\omega_m - \omega_{b3})\,T_m}{2}\right]}{I_{01}V_1\,\text{Sinc}\left[\dfrac{(M\omega_m - \omega_{b1})\,T_m}{2}\right]}\right\}$$

$$(9-44)$$

这里，P_{1M}、P_{2M} 和 P_{3M} 分别是相量 $\boldsymbol{P}_{1M}$、$\boldsymbol{P}_{2M}$ 和 $\boldsymbol{P}_{3M}$ 的幅值，如图 9-9（b）所示。考虑到 $P_{1M} \gg P_{2M} \gg P_{3M}$ ，方程（9-44）可以简化为

$$(\delta\phi_{b01})_{\text{extr}} \approx \frac{P_{2M} + P_{3M}}{P_{1M}}$$

$$= \frac{I_{02}V_2\,\text{Sinc}\left[\dfrac{(M\omega_m - \omega_{b2})\,T_m}{2}\right] + I_{03}V_3\,\text{Sinc}\left[\dfrac{(M\omega_m - \omega_{b3})\,T_m}{2}\right]}{I_{01}V_1\,\text{Sinc}\left[\dfrac{(M\omega_m - \omega_{b1})\,T_m}{2}\right]}$$

$$(9-45)$$

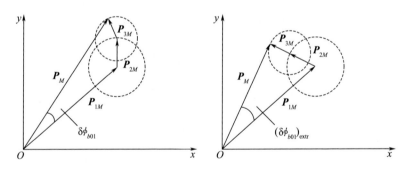

(a) $\boldsymbol{P}_{1M}$、$\boldsymbol{P}_{2M}$ 和 $\boldsymbol{P}_{3M}$ 的和等于 $\boldsymbol{P}_M$　　　(b) $\boldsymbol{P}_{1M} \perp \boldsymbol{P}_{2M}$ 且 $\boldsymbol{P}_{2M} \parallel \boldsymbol{P}_{3M}$，相位误差 $\delta\phi_{b01}$ 达到极值

图 9-9　三传感器频分复用单模光纤 FMCW 位移传感器窜扰计算的相量图

与双传感器类似，对于多路光纤 FMCW 位移传感器的信号，其由窜扰引起的最大相位误差 $(\delta\phi_{b01})_{\text{max}}$ 可写为

$$(\delta\phi_{b01})_{\max} = \arcsin\left\{\frac{I_{02}V_2\,\text{Sinc}\left[\dfrac{(M\omega_m - \Omega_{b2})\,T_m}{2}\right] + I_{03}V_3\,\text{Sinc}\left[\dfrac{(M\omega_m - \Omega_{b3})\,T_m}{2}\right]}{I_{01}V_1\,\text{Sinc}\left[\dfrac{(M\omega_m - \Omega_{b1})\,T_m}{2}\right]}\right\}$$

$$\approx \frac{I_{02}V_2\,\text{Sinc}\left[\dfrac{(M\omega_m - \Omega_{b2})\,T_m}{2}\right] + I_{03}V_3\,\text{Sinc}\left[\dfrac{(M\omega_m - \Omega_{b3})\,T_m}{2}\right]}{I_{01}V_1\,\text{Sinc}\left[\dfrac{(M\omega_m - \Omega_{b1})\,T_m}{2}\right]}$$

$$(9-46)$$

其中，Ω_1、Ω_2 和 Ω_3 分别为三个拍频信号的最大角频率。最大位移误差可以写为

$$(\delta\Delta d_1)_{\max} = \frac{\lambda_0}{4\pi n}\arcsin\left\{\frac{I_{02}V_2\,\text{Sinc}\left[\dfrac{(M\omega_m - \Omega_{b2})\,T_m}{2}\right] + I_{03}V_3\,\text{Sinc}\left[\dfrac{(M\omega_m - \Omega_{b3})\,T_m}{2}\right]}{I_{01}V_1\,\text{Sinc}\left[\dfrac{(M\omega_m - \Omega_{b1})\,T_m}{2}\right]}\right\}$$

$$\approx \frac{\lambda_0\left\{I_{02}V_2\,\text{Sinc}\left[\dfrac{(M\omega_m - \Omega_{b2})\,T_m}{2}\right] + I_{03}V_3\,\text{Sinc}\left[\dfrac{(M\omega_m - \Omega_{b3})\,T_m}{2}\right]\right\}}{4\pi n I_{01}V_1\,\text{Sinc}\left[\dfrac{(M\omega_m - \Omega_{b1})\,T_m}{2}\right]}$$

$$(9-47)$$

其中，λ_0 为自由空间中的中心光波波长。

如果位移传感器的动态范围等于调制频率 ω_m（即，$\Omega_{b1} = M\omega_m + \omega_m/2$，$\Omega_{b2} = N\omega_m + \omega_m/2$，$\Omega_{b3} = P\omega_m + \omega_m/2$，$M$、$N$、$P$ 都为整数），由窜扰引起的最大相位误差为

$$(\delta\phi_{b01})_{\max} = \frac{I_{02}V_2}{I_{01}V_1\left[2(N-M)+1\right]} + \frac{I_{03}V_3}{I_{01}V_1\left[2(P-M)+1\right]}$$

$$(9-48)$$

且相应的最大位移误差为

$$(\delta\Delta d_1)_{\max} = \frac{\lambda_0}{4\pi n}\left[\frac{I_{02}V_2}{I_{01}V_1\left[2(N-M)+1\right]} + \frac{I_{03}V_3}{I_{01}V_1\left[2(P-M)+1\right]}\right]$$

$$(9-49)$$

表 9 - 2 显示了不同频率间隔对应的最大相位误差和最大位移误差。

表 9 - 2　三传感器多路单模光纤 FMCW 位移传感器的最大相位和位移误差

（假设 $\Omega_{b1} = M\omega_m + \omega_m/2$，$\Omega_{b2} = N\omega_m + \omega_m/2$，$\Omega_{b3} = P\omega_m + \omega_m/2$，
$I_{01}V_1 = I_{02}V_2 = I_{03}V_3$，$n = 1$）

$N-M,P-N(\omega_m)$	1	2	3	4	5
$(\delta\phi_{b01})_{\max}$（rad）	8/15	14/45	20/91	26/153	32/231
$(\delta\Delta d_1)_{\max}(\lambda_0)$	$2/15\pi$	$7/90\pi$	$5/91\pi$	$13/306\pi$	$8/231\pi$

频分复用单模光纤 FMCW 位移传感器包含传感器的最大数量取决于通道之间的窜扰大小和拍频信号的对比度。后者取决于激光功率、光程差和激光相干长度。

然而，由于会出现高窜扰、低对比度和较长的引导光纤的问题，频分复用 FMCW 位移传感器中传感器数量的进一步增加是不实际的。增加传感器数量的一种可行方法是结合频分复用和强度复用两种技术。

图 9 - 10 显示了一个四传感器多路复用单模光纤 FMCW 位移传感器，它由两个独立的双传感器单模光纤 FMCW 位移传感器组成[54]。该方案的优势是可以在窜扰更小和避免使用过长引导光纤的条件下提供更多的传感器。

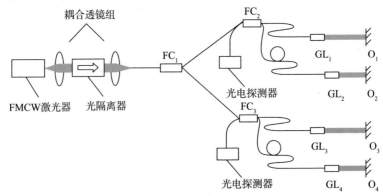

图 9 - 10　四传感器多路复用单模光纤 FMCW 位移传感器[54]

9.3　光纤 FMCW 干涉应变传感器

应变和应力测量是机械工程中成熟且依然活跃的主题。很多工业领域，如航空、航天、土木建筑，都大量使用各种应变和应力传感器来保障材料和结构安全。但是，传统的电子应变和应力传感器，如金属－薄膜应变传感器，几乎无法完全满足实际需求。在 20 世纪 80 年代，研究人员和工程师开始使用光纤传感器测量材料和结构中的应变和应力，并取得了一些进展。目前，快速发展的光纤应变和应力传感技术已成为工程领域的一个新的分支——智能材料和结构。光纤应变和应力传感器，类似于"光纤神经"，可以嵌入材料或安装在部件的表面上。利用这种技术，在各种负载条件下，未来的结构会变得更加安全可靠。

光纤应变和应力传感器相比于传统的电子应力和应变传感器，具有许多的优点，如不受电磁干扰、电绝缘、化学钝性、灵敏度高、重量小、通用性和探头长度长等。此外，光纤应变和应力传感器可以通过修改或组合构建光纤应变和应力传感器网络——多路光纤应变和应力传感器或分布式光纤应变和应力传感器。

到目前为止，已经提出许多类型的光纤应力和应变传感器，我们将集中关注光纤 FMCW 干涉应变和应力传感器。具体而言，我们将在本节讨论双折射光 FMCW 干涉应变传感器，在下节讨论双折射光纤干涉 FMCW 应力传感器。

9.3.1　双折射光纤在拉伸力下的属性

我们知道双折射光纤支持两个传播常数不同的正交偏振模式的传播。这意味着双折射光纤本身可以是一个双光束干涉仪，其中一个模式传播参考光束，另一个模式传播信号光束。这种结构的一个重要优势是可以去除光纤干涉仪的参考臂，参考臂通常会使传感器的结构变得复杂，并且会因为温度或者其上的应变产生额外的测量误差。

当双折射光纤被拉伸时，纤维的长度就会增加（应变效应），纤维直径会变小（泊松效应），光纤的折射率会发生轻微的变化（弹光效应），如图 9-11 所示。从理论上讲，拉伸双折射光纤不会破坏光纤中的双折射，因为任何这种拉伸所导致双折射的光轴都垂直于双折射光纤的主轴。但是，拉伸双折射光纤可能会改变两个正交偏振模式之间的光程差。

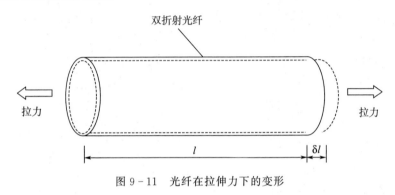

双折射光纤

拉力   拉力

l δl

图 9-11 光纤在拉伸力下的变形

例如，在一个双折射光纤中，两正交偏振模式之间的初始光程差 OPD 可以写成

$$OPD = (n_{ex} - n_{ey})\, l \qquad (9-50)$$

其中，n_{ex} 是 $HE_{11}{}^x$ 模式的有效折射率，n_{ey} 是 $HE_{11}{}^y$ 模式的有效折射率，l 是双折射光纤的长度。当光纤被拉伸，光程差的变化 $\delta(OPD)$ 可以表示为

$$\delta(OPD) = (n_{ex} - n_{ey})\, \delta l - \delta(n_{ex} - n_{ey})\, l \qquad (9-51)$$

其中，δl 是纤维的延伸，$\delta(n_{ex} - n_{ey})$ 是由于光纤直径减小和折射率变化引起的有效折射率之差的变化量。总的来说，$\delta(n_{ex} - n_{ey})$ 比较小，所以方程（9-51）可简化为

$$\delta(OPD) = (n_{ex} - n_{ey})\, \delta l \qquad (9-52)$$

光的偏振状态一般使用琼斯矢量进行描述（该矢量包含两个正交偏振分量），用李萨如图形表示；或通过使用斯托克斯矢量（一个四元数矢量）进行描述，用庞加莱球进行图形化表示。图 9-12 所

示为，当一束线偏振激光束只被耦合到单一偏振模式时，连续拉伸的椭圆芯双折射光纤输出光束偏振态的实际变化。输出光束的斯托克斯矢量几乎始终只位于庞加莱球赤道上的同一个点。这表明输出光束的偏振态没有改变而是保持线偏振。换句话说，拉伸双折射光纤不会造成任何模式耦合。

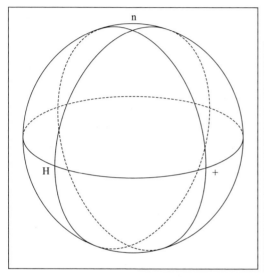

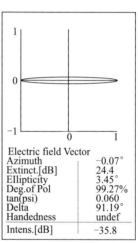

Electric field Vector
Azimuth	−0.07°
Extinct.[dB]	24.4
Ellipticity	3.45°
Deg.of Pol	99.27%
tan(psi)	0.060
Delta	91.19°
Handedness	undef
Intens.[dB]	−35.8

(a) 庞加莱球表示　　　　　　(b) 李萨如图形表示

图 9 - 12　连续拉伸椭圆芯双折射光纤输出光束偏振态的变化

图 9 - 13 论证了当输入光束以近似相等的光强耦合到两个偏振模式时，连续拉伸的椭圆芯双折射光纤输出光束偏振态的变化。这种情况下，输出光束的偏振状态周期性地从一个线偏振态［图 9 - 13 (a)］变为一个椭圆偏振态（b）、一个圆偏振态（c）、一个椭圆偏振态（d）、到另一个与最初线偏振态垂直的线偏振态（e）等，以此类推。

显然，拉伸双折射光纤确实改变了两个正交偏振模式之间的光程差。实验数据显示，当实验采用 3 μm × 1.5 μm 的椭圆芯光纤和 0.660 μm 的激光二极管时，光纤的伸长周期——也就是相当于偏振

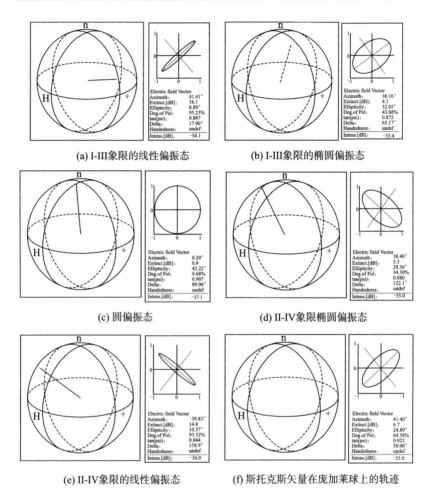

(a) I-III象限的线性偏振态　　　　(b) I-III象限的椭圆偏振态

(c) 圆偏振态　　　　　　　　(d) II-IV象限椭圆偏振态

(e) II-IV象限的线性偏振态　　　(f) 斯托克斯矢量在庞加莱球上的轨迹

图 9-13　连续拉伸椭圆芯双折射光纤输出光束在两种偏振模式下偏振态的变化

态变化一个完整周期或光程差改变一个完整波长——为 1.50 mm。因此，双折射光纤可以用于构造光纤应变传感器。

9.3.2　双折射光纤 FMCW 应变传感器

图 9-14 (a) 是一种透射式本征双折射光纤 FMCW 干涉应变传感器的示意图。该传感器由两个偏振器（P_1 和 P_2）和两个光纤连接

器（FN$_1$ 和 FN$_2$）连接的三段双折射光纤组成。其中，两根双折射光纤用于激光传输（分别称为引入光纤和引出光纤），而位于中间的第三段双折射光纤作为应变传感光纤使用。传感光纤的主轴相对于引入和引出光纤的主轴旋转 45°。

一束线偏振 FMCW 激光被耦合至引入光纤的两个正交偏振模式之一（假定为 HE$_{11}^x$ 模式）。由于主轴的 45° 旋转，光束进入传感光纤时，将分为两个光束。类似地，这两束光进入引出光纤时将再次分开。因此，最终将有 4 束光从引出光纤中输出，根据不同纤维中的模式差异，它们的名称分别为 HE$_{11}^x$ － HE$_{11}^x$ － HE$_{11}^x$ 模式光束，HE$_{11}^x$ － HE$_{11}^x$ － HE$_{11}^y$ 模式光束，HE$_{11}^x$ － HE$_{11}^y$ － HE$_{11}^x$ 模式光束和 HE$_{11}^x$ － HE$_{11}^y$ － HE$_{11}^y$ 模式光束，如图 9 - 14（b）所示。

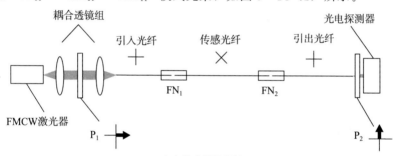

(a) 应变传感器的配置

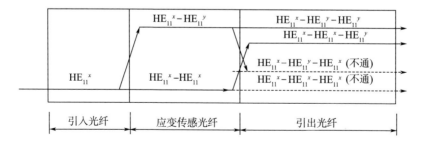

(b) 激光束在双折射光纤中的传播

图 9 - 14　透射式双折射光纤应变传感器

位于光电探测器前端的第二个偏振器 P_2 与同一偏振模式的主轴平行（称为 $HE_{11}{}^y$），所以只有两束激光通过 P_2 到达光电探测器，分别为 $HE_{11}{}^x - HE_{11}{}^x - HE_{11}{}^y$ 模式光束和 $HE_{11}{}^x - HE_{11}{}^y - HE_{11}{}^y$ 模式光束。

显然，两个相干光束只是在传感光纤中有不同的传播常数。因此，两个干涉光束之间的光程差只取决于传感光纤的参数，而与引入和引出光纤的参数无关。这意味着引入和引出光纤对环境不敏感，即使它们被加热或拉伸。

$HE_{11}{}^x - HE_{11}{}^x - HE_{11}{}^y$ 模式光束和 $HE_{11}{}^x - HE_{11}{}^y - HE_{11}{}^y$ 模式光束之间的光程差 OPD 可写为

$$OPD = (n_{ex} - n_{ey})l \qquad (9-53)$$

其中，n_{ex} 是 $HE_{11}{}^x$ 模式有效折射率，n_{ey} 是 $HE_{11}{}^y$ 模式有效折射率，l 是传感光纤长度。

例如，在锯齿波调制的情况下，一个调制周期中拍频信号的光强 $I(t)$ 可以写成

$$I(OPD,t) = I_0\left[1 + V\cos\left(\frac{2\pi\Delta\nu\nu_m OPD}{c}t + \frac{2\pi}{\lambda_0}OPD\right)\right]$$
$$= I_0[1 + V\cos(2\pi\nu_b t + \phi_{b0})]$$

其中，I_0 是拍频信号的平均光强，V 是拍频信号的对比度，$\Delta\nu$ 是光频调制范围，ν_m 是调制频率，c 是自由空间的光速，λ_0 是自由空间中的中心光波波长，ν_b 和 ϕ_{b0} 分别是拍频信号的频率和初始相位。根据式（9-53），拍频信号的频率 ν_b 可写为

$$\nu_b = \frac{(n_{ex} - n_{ey})\Delta\nu\nu_m l}{c} \qquad (9-54)$$

拍频信号的初始相位 ϕ_{b0} 可写为

$$\phi_{b0} = \frac{2\pi(n_{ex} - n_{ey})l}{\lambda_0} \qquad (9-55)$$

如果拉伸传感光纤，则拍频信号的频率和初始相位的变化量 $\Delta\nu_b$ 和 $\Delta\phi_{b0}$ 可写为

$$\Delta\nu_b = \frac{(n_{ex} - n_{ey}) \Delta\nu\nu_m \Delta l}{c} \tag{9-56}$$

$$\Delta\phi_{b0} = \frac{2\pi(n_{ex} - n_{ey}) \Delta l}{\lambda_0} \tag{9-57}$$

其中，Δl 为传感光纤的伸长量。因此，传感光纤的应变 $\varepsilon (\varepsilon = \Delta l / l)$ 可由下式进行计算得到

$$\varepsilon = \frac{c}{(n_{ex} - n_{ey}) \Delta\nu\nu_m l} \Delta\nu_b \tag{9-58}$$

或

$$\varepsilon = \frac{\lambda_0}{2\pi(n_{ex} - n_{ey}) l} \Delta\phi_{b0} \tag{9-59}$$

图 9-15 所示为另一种形式的透射式本征双折射光纤 FMCW 干涉应变传感器，它使用了一整根较长的双折射光纤[71]。中间的两个偏振模式耦合器（MC$_1$、MC$_2$）将整个光纤分为三段。第一段，由光纤的输入端到 MC$_1$，用作引入光纤；第二段，在 MC$_1$ 和 MC$_2$ 之间，用作应变传感光纤；最后一段，由 MC$_2$ 到光纤的出射端，用作引出光纤。

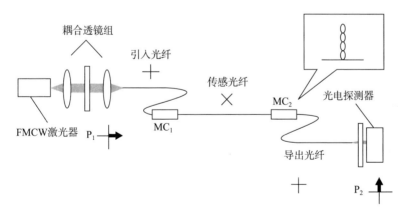

图 9-15　透射式单双折射光纤应变传感器[71]

偏振模式耦合器，可以是一个弹簧夹挤压的双折射光纤，或者也可以简单地通过扭曲和弯曲一小段双折射光纤（通常约为 5 cm）

实现，它可以将部分激光能量从一个偏振模式耦合到另外一个。因此，类似于前面的结构，如果一个偏振 FMCW 激光束被耦合为双折射光纤的一个偏振模式，最终会有四个光束从引出光纤出射。第二个偏振器 P_2 位于光电探测器前端，平行于某一偏振模式的主轴，使得只有通过不同传播常数的传感光纤传播的两束光线通过 P_2 并产生拍频信号。

第二种传感器形式的优点是，引入光纤、传感光纤和引出光纤的长度可以简单地通过释放偏振模式耦合器后再加载到另外的位置来改变。

9.3.3　反射式双折射光纤 FMCW 应变传感器

图 9-16 (a) 为一个反射式双折射光纤 FMCW 干涉应变传感器，两段双折射光纤通过光纤连接器（FN）相连接，一个偏振器（P）位于光电探测器之前[80]。第一段双折射光纤为引导光纤，第二段双折射光纤为传感光纤，其主轴与引导光纤的主轴成 $45°$ 夹角，并且其末端为一个小反射镜（M）（通常在光纤的末端镀银作为反射面）。

一束偏振 FMCW 激光耦合至引导光纤的一个偏振模式（假定为 $HE_{11}{}^x$）。进入到传感光纤之后，由于传感光纤的主轴相对引导光纤旋转了 $45°$，入射光分解为两束：$HE_{11}{}^x$ 模式光束和 $HE_{11}{}^y$ 模式光束。这两个光束沿传感光纤传播，被 M 反射回来，并且在它们反向通过 FN 时再次分解为两个光束。因此，将有四个光束从光纤出射，根据不同时间不同光纤中模式的差异，分别为 $HE_{11}{}^x - HE_{11}{}^x - HE_{11}{}^x$ 模式，$HE_{11}{}^x - HE_{11}{}^x - HE_{11}{}^y$ 模式，$HE_{11}{}^x - HE_{11}{}^y - HE_{11}{}^x$ 模式和 $HE_{11}{}^x - HE_{11}{}^y - HE_{11}{}^y$ 模式，如图 9-16 (b) 所示。这四束激光经过分光棱镜 BS 之后进入偏振器 P。偏振器的透光方向已经调整为与其中一种偏振态（例如 $HE_{11}{}^y$ 模式）一致，因此只有 $HE_{11}{}^x - HE_{11}{}^x - HE_{11}{}^y$ 和 $HE_{11}{}^x - HE_{11}{}^y - HE_{11}{}^y$ 这两种偏振态的光能够通过偏振器 P，发生干涉产生拍频信号，最终被光电探测器接收。

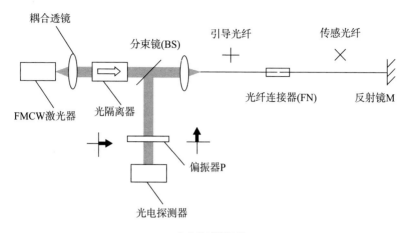

(a) 应力传感器结构

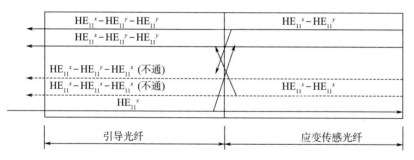

(b) 激光在双折射光纤传播形式

图 9-16　反射式双折射光纤 FMCW 应变传感器[80]

两束干涉光之间的光程差 OPD 为

$$OPD = 2(n_{ex} - n_{ey})l \qquad (9-60)$$

其中 n_{ex} 为 $HE_{11}{}^x$ 模式的有效折射率，n_{ey} 为 $HE_{11}{}^y$ 模式的有效折射率，l 是传感光纤的长度。

相似地，两个相干光束之间的光程差正比于传感光纤的长度，而与引导光纤无关。另外，由于反射式双折射光纤应变探测器所产生的光程差是透射式的两倍，因此这种应变探测器的分辨率也提高了两倍。

在锯齿波调制模式下，一个调制周期内拍频信号的光强可以写作

$$I(OPD,t) = I_0\left[1 + V\cos\left(\frac{2\pi\Delta\nu\nu_m OPD}{c}t + \frac{2\pi}{\lambda_0}OPD\right)\right]$$

$$= I_0[1 + V\cos(2\pi\nu_b t + \phi_{b0})]$$

其中，I_0 为拍频信号的平均光强，V 是拍频信号的对比度，$\Delta\nu$ 为光学频率调制范围，ν_m 为调制频率，c 为自由空间中的光速，λ_0 为自由空间中的中心光波波长，ν_b 和 ϕ_{b0} 分别为拍频信号的频率和初始相位。由公式（9-60），拍频信号频率 ν_b 为

$$\nu_b = \frac{2(n_{ex} - n_{ey})\Delta\nu\nu_m l}{c} \qquad (9-61)$$

拍频信号的初始相位 ϕ_{b0} 为

$$\phi_{b0} = \frac{4\pi(n_{ex} - n_{ey})l}{\lambda_0} \qquad (9-62)$$

如果传感光纤有拉伸，拍频信号的频率变化 $\Delta\nu_b$ 和相位变化 $\Delta\phi_{b0}$ 为

$$\Delta\nu_b = \frac{2(n_{ex} - n_{ey})\Delta\nu\nu_m\Delta l}{c} \qquad (9-63)$$

$$\Delta\phi_{b0} = \frac{4\pi(n_{ex} - n_{ey})\Delta l}{\lambda_0} \qquad (9-64)$$

其中，Δl 为传感光纤的伸长量。因此，传感光纤的应变量 ε 为

$$\varepsilon = \frac{c}{2(n_{ex} - n_{ey})\Delta\nu\nu_m l}\Delta\upsilon_b \qquad (9-65)$$

或

$$\varepsilon = \frac{\lambda_0}{4\pi(n_{ex} - n_{ey})l}\Delta\phi_{b0} \qquad (9-66)$$

图 9-17 为另外一种形式的反射式本征双折射光纤 FMCW 干涉应变探测器，其核心是一根末端带有反射镜的双折射光纤。偏振模态耦合器 MC 将双折射光纤一分为二，第一段由入射端到 MC，用作引导光纤，而第二段由 MC 到反射镜端，用作应变传感光纤。

　　类似地，一束偏振 FMCW 激光被耦合至引导光纤的一个偏振模式（假定为 HE_{11}^{x} 模式），并被耦合器 MC 分为两束光。这两个光束被光纤末端的反射镜反射回来，并被 MC 再次分束。因此会有四个光束从双折射光纤的输入端出射。用一个偏振器 P 选择偏振态相同的任意两个光束，我们就能够确定传感光纤的应变。

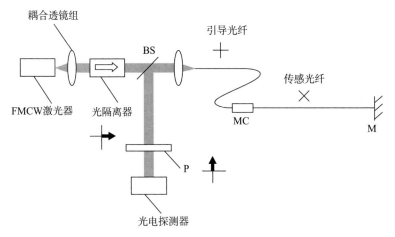

图 9-17　反射式双折射光纤 FMCW 应变探测器

　　这种反射式本征双折射光纤 FMCW 应变传感器的优点是，引导光纤和传感光纤的长度可变。换句话说，我们可以简单地通过释放偏振模耦合器，然后再加载到不同的位置，实现引导光纤和传感光纤长度（当然光纤的总长度并未改变）的改变。

　　上述讨论的双折射光纤 FMCW 应变传感器（包括透射式结构和反射式结构）都有一个很长的对环境不敏感的引导光纤和一个很长的应变传感光纤。前者是因为两束干涉光在引导光纤中传播时为同一模式，后者是因为在双折射传感光纤中两支相干光的光程差与其有效折射率之差（$n_{ex} - n_{ey}$）有关，而非单模光纤的有效折射率 n_e。

　　例如，对于反射式双折射光纤 FMCW 干涉应变传感器，假设 FMCW 激光的相干长度为 10 m，那么双折射光纤的有效折射率之差（$n_{ex} - n_{ey}$）为 0.000 5，传感光纤的最大长度可达 10 km（如果衰减可以接受）。相比之下，在有效折射率为 1.5 的条件下，单模传感光纤（图 7 - 23）的最大长度只能达到 3.3 m。因此，双折射光纤 FMCW 应变传感器非常适合远程测量大型结构的应变，例如油罐、吊桥以及大坝等。

9.4　光纤 FMCW 干涉应力传感器

9.4.1　双折射光纤在垂直力作用下的表现

例如，在具有梯度折射率分布的椭圆芯双折射光纤中，每种模式下的电场都可以用一系列马修函数来描述[10]。假设偏心率很小的情况下，在单模阈值（即归一化频率 $V = 2.4$）处进行操作，两个正交偏振模式的传播常数差 $\Delta\beta$ 可以写为

$$\Delta\beta \approx \frac{e^2}{a} \left(\frac{\Delta}{2}\right)^{3/2} \qquad (9-67)$$

其中，e 为纤芯的偏心率（$e^2 = [1 - (b/a)^2]$，其中 a 是半长轴，b 是半短轴），Δ 是相对折射率差值，如图 9 - 18 所示。

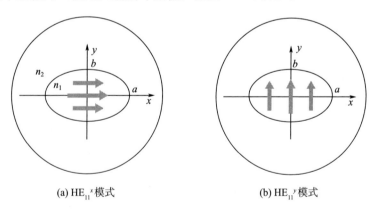

(a) HE$_{11}$^{x}模式　　　　　　　　(b) HE$_{11}$^{y}模式

图 9 - 18　椭圆芯双折射光纤偏振模式

当双折射光纤被按压时，将引入新的线性双折射（弹光效应）。假设压力引起的双折射远大于不对称引起的双折射，则所得到的双

折射仍然是线性的，但挤压后光纤的光轴几乎与压力方向平行，如图 9 - 19 所示。换句话说，挤压光纤的主轴会旋转一定的角度，该角度与挤压方向有关。

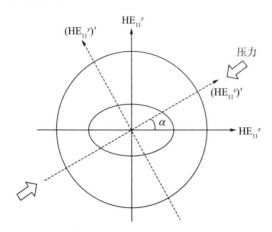

图 9 - 19　应力椭圆芯光纤中的双折射变化

如果偏振激光束最初发射到正交偏振模式之一（例如 $HE_{11}{}^x$ 模式）并且激光束进入被压的光纤段，则它将分离成两个新的分量，$(HE_{11}{}^x)'$ 模式光束和 $(HE_{11}{}^y)'$ 模式光束，这两个光束将会在受到挤压的光纤内沿着新主轴以新的不同传播常数传播。当两束光束返回到普通的双折射光纤时，它们将以原来的 $HE_{11}{}^x$ 和 $HE_{11}{}^y$ 模式重新形成并传播。显然，作为偏振模式耦合器的被压光纤可以将来自 $HE_{11}{}^x$ 模式的一些光能耦合到 $HE_{11}{}^y$ 模式。

被压后的光纤可以视为波片，因为它有自己的主轴和有效的折射率。从 $HE_{11}{}^x$ 模式耦合到 $HE_{11}{}^y$ 模式的光束 I_y 的光强可写为

$$I_y = I_x \sin^2 2\alpha \sin^2 \frac{\phi}{2} \tag{9 - 68}$$

其中 I_x 是入射 $HE_{11}{}^x$ 模式光束的光强，α 是 $(HE_{11}{}^x)'$ 和 $HE_{11}{}^x$ 之间的角度，ϕ 是 $(HE_{11}{}^x)'$ 模式光束和 $(HE_{11}{}^y)'$ 模式光束之间的光学相位差，其由下式给出

$$\phi = \frac{2\pi}{\lambda_0} (n'_{ex} - n'_{ey}) l \tag{9-69}$$

$$= \frac{2\pi}{\lambda_0} C_B \cdot \frac{F}{a}$$

其中，λ_0 是自由空间中的光波长，n'_{ex} 和 n'_{ey} 是被压光纤中新正交模式的有效折射率，C_B 是布儒斯特常数，F 是垂直力，a 是光纤的有效宽度。

按压双折射光纤可以将部分光能从一种偏振模式耦合到另一种偏振模式。因此，这个现象可以用于制作偏振模式耦合器和构建分布式双折射光纤应力传感器。

9.4.2　透射分布式双折射光纤 FMCW 应力传感器

图 9-20（a）所示为透射分布式本征双折射光纤 FMCW 干涉应力传感器[23]。FMCW 激光束被第一个偏振器（P_1）偏振，然后以一种偏振模式（比如 $HE_{11}{}^x$ 模式）耦合到一段双折射光纤中。由于弹光效应，待测应力导致入射光束的一部分耦合到另一正交偏振模式（即 $HE_{11}{}^y$ 模式）。因此，耦合后会有两束光束沿光纤传播，即耦合的 $HE_{11}{}^y$ 模式光束和左侧的 $HE_{11}{}^x$ 模式光束。传输方向相对于 $HE_{11}{}^x$ 模式以角度 θ 对准第二个偏振器（P_2），并将其放置在光电探测器的前方从 $HE_{11}{}^x$ 模式和 $HE_{11}{}^y$ 模式光束收集部分能量以产生干涉。

从图 9-20（b）可以看出，两个干涉光束之间的光程差 OPD 等于

$$OPD = (n_{ex} - n_{ey}) z \tag{9-70}$$

其中，n_{ex} 为 $HE_{11}{}^x$ 模式的有效折射率，n_{ey} 为 $HE_{11}{}^y$ 模式的有效折射率，z 为应力作用位置到光纤远端的光纤长度。

例如，在锯齿波调制的情况下，一个调制周期内拍频信号的光强 $I(t)$ 可写为

(a) 压力传感器的配置

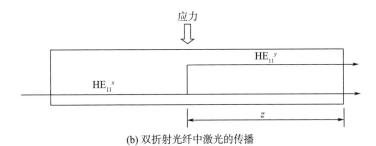

(b) 双折射光纤中激光的传播

图 9 - 20　透射分布式本征双折射光纤 FMCW 干涉应力传感器[23]

$$I(OPD, t) = I_0 \left[1 + V\cos\left(\frac{2\pi\Delta\nu\nu_m OPD}{c}t + \frac{2\pi}{\lambda_0}OPD \right) \right]$$
$$= I_0 \left[1 + V\cos(2\pi\nu_b t + \phi_{b0}) \right]$$

$$(2 - 63)$$

其中，I_0 为拍频信号的平均光强，V 为拍频信号的对比度，$\Delta\nu$ 为光频调制范围，ν_m 为调制频率，c 为自由空间中的光速，λ_0 为中心光波波长，ν_b 和 ϕ_{b0} 分别为拍频信号的频率和初始相位。考虑到公式（9 - 70），拍频信号的频率 ν_b 可写为

$$\nu_b = \frac{(n_{ex} - n_{ey})\Delta\nu\nu_m z}{c} \qquad (9 - 71)$$

因此，应力的位置由以下公式决定

$$z = \frac{c}{(n_{ex} - n_{ey})\Delta\nu\nu_m}\Delta\nu_b \qquad (9 - 72)$$

从耦合的 $HE_{11}{}^y$ 模式光束中分离出来的信号光束的光强 I_1 可

写为

$$I_1 = I_i \zeta \sin^2\theta \qquad\qquad (9-73)$$

其中，I_i 是入射光束的光强，ζ 是模式耦合系数，θ 是第二个偏振器的透射方向与 $HE_{11}{}^x$ 模式之间的夹角，忽略激光束在光纤中的衰减（对所有光束有共同因子）。参考光束来源于剩余 $HE_{11}{}^x$ 模式光束的分束，其光强 I_2 可写为

$$I_2 = I_i (1 - \zeta - \eta) \cos^2\theta \qquad\qquad (9-74)$$

其中，η 为耦合损耗系数。

透射分布式双折射光纤 FMCW 应力传感器的优点是光纤中的所有光束均向前传播，从而大大降低了反馈光对激光器的影响。缺点是两个干涉光束的光强通常不相等，因此，信号对比度无法做到最优。

9.4.3　反射分布式双折射光纤 FMCW 应力传感器

图 9-21（a）显示的是反射分布式本征双折射光纤 FMCW 干涉应力传感器[73]。一个偏振 FMCW 激光束通过分束器（BS）传播，然后以一个偏振模式（假定为 $HE_{11}{}^x$ 模式）进入一长段双折射光纤。在光纤的远端，贴附有一个微型反射镜（M），它可以将入射激光束反射回光纤（通常是光纤的切割端面镀银膜作为反射镜使用）。一个偏振器（P）放置于光电探测器之前，其透射方向与一个偏振模式主轴（假定为 $HE_{11}{}^y$ 模式）平行。

如果光纤在其长度上的任何位置受到应力，则会出现入射光束和反射光束在 $HE_{11}{}^x$ 模式和 $HE_{11}{}^y$ 模式之间的能量耦合。从图 9-21（b）可以看出，存在四个光束传回传感器系统：B_1 是一个反射 $HE_{11}{}^x$ 模式光束，B_2 是一个入射 $HE_{11}{}^x$ 模式光束耦合产生的 $HE_{11}{}^y$ 模式光束，B_3 是一个反射 $HE_{11}{}^x$ 模式光束耦合产生的 $HE_{11}{}^y$ 模式光束，以及 B_4 是一个反射耦合 $HE_{11}{}^y$ 模式光束耦合产生的 $HE_{11}{}^x$ 模式光束。这四束光束由分束器 BS 反射并向 P 传播。然而，因为 P 的透射方向垂直于 $HE_{11}{}^x$ 模式的主轴，所以只有两个 $HE_{11}{}^y$ 模式（B_2 和

B_3）可以通过 P 并最后到达光电探测器。

　　因为两个 HE_{11}^{y} 模式（B_2 和 B_3）在不同的时间被激发并且在光纤中的传播经历不同，所以发生干涉时，它们之间存在光程差。B_2 和 B_3 之间的光程差 OPD 可写为

$$OPD = 2(n_{ex} - n_{ey})z \qquad (9-75)$$

其中 n_{ex} 是 HE_{11}^{x} 模式的有效折射率，n_{ey} 是 HE_{11}^{y} 模式的有效折射率，z 是应力作用点和光纤镜端之间的光纤长度。

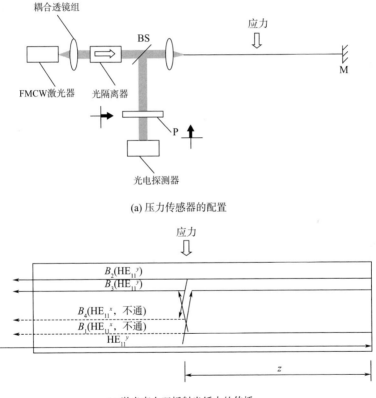

(a) 压力传感器的配置

(b) 激光束在双折射光纤中的传播

图 9-21　反射分布式双折射光纤 FMCW 应力传感器[73]

　　例如，在锯齿波调制的情况下，调制周期中拍频信号的光强

$I(t)$ 可以写为

$$I(OPD,t) = I_0 \left[1 + V\cos\left(\frac{2\pi\Delta\nu\nu_m OPD}{c}t + \frac{2\pi}{\lambda_0}OPD \right) \right]$$
$$= I_0 \left[1 + V\cos(2\pi\nu_b t + \phi_{b0}) \right]$$

其中，I_0 为拍频信号的平均光强，V 为拍频信号的对比度，$\Delta\nu$ 为光频调制范围，ν_m 为调制频率，c 为自由空间中的光速，λ_0 为自由空间中的中心光波波长，ν_b 和 ϕ_{b0} 分别为拍频信号的频率和初始相位。考虑到公式（9-75），拍频信号的频率 ν_b 可写为

$$\nu_b = \frac{2(n_{ex} - n_{ey})\,\Delta\nu\nu_m z}{c} \qquad (9-76)$$

因此，应力作用位置由下式决定

$$z = \frac{c}{2(n_{ex} - n_{ey})\,\Delta\nu\nu_m}\nu_b \qquad (9-77)$$

光束 B_2 的光强 I_2 可写为

$$I_2 = I_i \zeta R (1 - \zeta - \eta) \qquad (9-78)$$

其中，I_i 是入射光束的光强，ζ 是模耦合系数，η 是耦合损耗系数，R 是反射镜的反射率，忽略了光纤中激光束的衰减（所有光束的公共因子）。光束 B_3 的光强 I_3 可以写为

$$I_3 = I_i (1 - \zeta - \eta) R\zeta = I_2 \qquad (9-79)$$

显然，这两个 $\mathrm{HE}_{11}{}^y$ 模式光束总是具有相同的光强（确保拍频信号具有良好对比度的条件），并且拍频信号的光强与耦合光束的光强成正比。另外，传感器结构的反射特性使得测量精度提高两倍，并且探针型传感光纤可能更适用于实际应用，例如入侵目标检测等。

本征双折射光纤 FMCW 分布式应力传感器（包括透射式和反射式应力传感器）的优点是它们的传感光纤可以很长（长达 10 km）。本征双折射光纤 FMCW 分布式应力传感器的局限性在于，它们是准分布而非完全分布的，即使可以通过频分复用方法同时测量有限几个不同位置的应力。因此，这种传感器适于同时测量单点或者最多几个位置的应力。

9.5　光纤 FMCW 干涉温度传感器

光纤温度传感器在电力变压器、喷气发动机和某些医学治疗方面特别有用，因为它们具有电力隔离、化学钝性、体积小、重量小等特点。在以下小节中，我们将介绍一种反射式单模光纤 FMCW 温度传感器和多路反射式单模光纤 FMCW 温度传感器。

9.5.1　反射式单模光纤 FMCW 温度传感器

图 9 - 22 显示的是反射式本征单模光纤 FMCW 干涉温度传感器[39]。该传感器主要由一个 X 型单模光纤耦合器（FC）和一个用作温度传感探头的长度较短的单模光纤（通常约 5 mm）组成。温度传感光纤与光纤耦合器的一个输出光纤（通常称为引导光纤）通过一个窄的空气隙相连接以构建一个单模光纤腔。

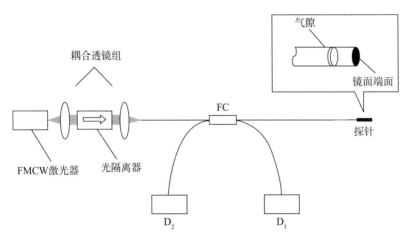

图 9 - 22　反射式单模光纤 FMCW 点温度传感器[39]

FMCW 激光束由 FC 分成两部分。一个由光电探测器（D_1）探测以监测激光功率变化，另一个在引导光纤的末端部分反射（菲涅耳反射），穿过光纤腔，然后在远端经受第二次反射。两束反射光束相干混合产生一个拍频信号，该拍频信号通过光纤耦合器传回，并被另一个光电探测器（D_2）检测到。

两个相干光束的光程差 OPD 为

$$OPD = 2n_e l \qquad (9-80)$$

其中，n_e 为单模光纤的有效折射率，l 为单模光纤腔的长度。

如果将光纤腔放置在温度场中，由于热膨胀效应，其长度将会增加，并且其有效折射率将稍微改变。两个反射光束之间的光程差的变化 ΔOPD 可写为

$$\Delta OPD = 2(n_e \Delta l + l \Delta n_e) = 2l\left[\frac{n_e \delta l}{l \delta T} + \frac{\delta n_e}{\delta T}\right]\Delta T \qquad (9-81)$$

其中，n_e 是单模光纤的有效折射率，l 是光纤腔的长度，Δl 是光纤腔的长度变化量，Δn_e 是光纤的有效折射率的变化，ΔT 是周围温度的变化，$\delta l/(l\delta T)$ 是热膨胀系数，$\delta n_e/(\delta T)$ 是热扩散系数［对于纤芯折射率 $n = 1.456$ 的单模光纤，$\delta l/(l\delta T) = 5 \times 10^{-7}$（℃）$^{-1}$，$\delta n_e/(\delta T) = 1 \times 10^{-7}$（℃）$^{-1}$］。

例如，在锯齿波调制的情况下，一个调制周期内，拍频信号的光强 $I(t)$ 可以写为

$$I(OPD, t) = I_0\left[1 + V\cos\left(\frac{2\pi\Delta\nu\nu_m OPD}{c}t + \frac{2\pi}{\lambda_0}OPD\right)\right]$$

$$= I_0[1 + V\cos(2\pi\nu_b t + \phi_{b0})]$$

其中，I_0 为拍频信号的平均光强，V 为拍频信号的对比度，$\Delta\nu$ 为光频调制偏移，ν_m 为调制频率，c 为自由空间中的光速，λ_0 为中心光波波长，ν_b 和 ϕ_{b0} 分别为拍频信号的频率和初始相位。考虑到公式（9-81），拍频信号初始相位的变化 $\Delta\phi_{b0}$ 可写为

$$\Delta\phi_{b0} = 4\pi l\left[\frac{n_e \delta l}{l \delta T} + \frac{\delta n_e}{\delta T}\right]\frac{\Delta T}{\lambda_0} \qquad (9-82)$$

因此，温度变化 ΔT 由以下公式决定

$$\Delta T = \frac{\lambda_0}{4\pi l}\left[\frac{n_e \delta l}{l \delta T} + \frac{\delta n_e}{\delta T}\right]^{-1}\Delta\phi_{b0} \qquad (9-83)$$

9.5.2　多路反射式单模光纤 FMCW 温度传感器

前面讨论的反射式单模光纤 FMCW 干涉温度传感器可以通过使用频分复用方法改进为多路复用反射式单模光纤 FMCW 干涉温度传感器，如图 9 - 23 所示[39]。

一个 FMCW 激光束耦合进入 $2 \times N$ 单模光纤耦合器（FC）的输入光纤。光纤耦合器的输出光纤与不同长度的光纤腔相连接，使得来自不同传感探针的拍频信号的频率不同，因此可以通过使用带通滤波器的电路来分离。通过测量每个拍频信号的相移，可以确定每个独立探针周围温度的变化。

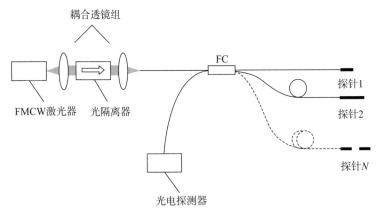

图 9 - 23　多路反射式单模光纤 FMCW 温度传感器[39]

9.6　光纤 FMCW 干涉旋转传感器（陀螺仪）

光纤干涉旋转传感器（通常称为光纤陀螺仪）用于测量物体的旋转速度。光纤陀螺仪可能是迄今为止最成功的光纤传感器。其中一些已经商业化并广泛用于飞机导航、导弹制导、仪器稳定和工业机器人领域。与机械陀螺仪相比，光纤陀螺仪有很多诸如体积小、无可动部件、可靠性好、启动迅速等优点。与激光陀螺仪相比，光纤陀螺仪更加紧凑（无大元件）、灵活、安全（无电火花）、功耗低、成本低。

　　在下面的小节中，我们将首先讨论光纤陀螺仪的原理，然后介绍一些光纤 FMCW 萨格纳克陀螺仪，包括单模光纤 FMCW 萨格纳克陀螺仪，差分单模光纤 FMCW 萨格纳克陀螺仪，双折射光纤 FMCW 萨格纳克陀螺仪和差分双折射光纤 FMCW 萨格纳克陀螺仪。

9.6.1　光纤陀螺仪的原理

　　光纤陀螺仪基于萨格纳克效应：如果两个光束来自同一个光源，并沿相反方向通过相同或者几乎相同的光路，它们将干涉并生成稳定的条纹。另一方面，如果含有干涉光束的平面围绕其垂直轴旋转，则将引入附加相移 $\delta\phi$，其由下式给出

$$\delta\phi = \frac{8\pi A\Omega}{c\lambda_0} \qquad (9-84)$$

其中，A 是光束包围的面积，Ω 是旋转角速度，c 是自由空间中的光速，λ_0 是自由空间中的光波长。换句话说，如果含有干涉光束的平面围绕其垂直轴旋转，则将引入两个干涉光束之间的附加光程差 δOPD，由下式给出

$$\delta OPD = \frac{4A\Omega}{c} \qquad (9-85)$$

　　图 9-24（a）显示的是经典萨格纳克干涉仪，其由分束器（BS）和两个反射镜（M_1 和 M_2）组成。激光光源发出的准直光束由分束器 BS 分成两部分。一个光束向下传播，并被 M_1 和 M_2 连续反射，而另一个光束向上传播并被 M_2 和 M_1 连续反射。这两个反射光束在相同的分束器 BS 处相遇，并且它们的一部分向左斜下传播以在无穷远处干涉。由于两束干涉光束在相反方向上穿过相同的封闭路径，因此干涉仪非常稳定且易于准直，甚至可以使用扩展的宽带光源。图 9-24（b）显示了另一种形式的萨格纳克干涉仪，它增加了一个反射镜 M_3。

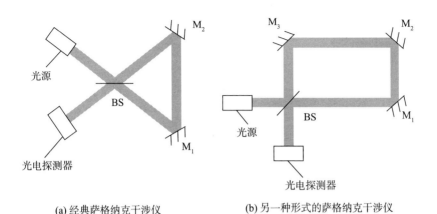

(a) 经典萨格纳克干涉仪　　　　(b) 另一种形式的萨格纳克干涉仪

图 9-24　萨格纳克干涉仪

图 9-25 显示的是一种简单的单模光纤陀螺仪，采用单模光纤线圈代替萨格纳克干涉仪中暴露在空气中的光路。光纤陀螺仪的一个重要优点是萨格纳克效应很大程度上可以通过增加光纤环的匝数来加强（典型值为 $10^3 \sim 10^4$）。在这种情况下，萨格纳克相移 $\delta\phi$ 将为

$$\delta\phi = \frac{8\pi A N \Omega}{c\lambda_0} \tag{9-86}$$

其中，N 是光纤环的匝数。相应的光程差变化 δOPD 将会是

$$\Delta OPD = \frac{4 A N \Omega}{c} \tag{9-87}$$

图 9-26 显示了一个简单的单模全光纤陀螺仪，其使用光纤耦合器（FC）代替前一个系统中的分束器和一些暴露在空气中的光路[11]。显然，全光纤陀螺仪更紧凑、灵活、可靠。

寻找萨格纳克相移需要广义相对论理论，因为它涉及光在加速系统中的传播。然而，我们仍然可以在惯性系统中讨论它，并假设光的传播与介质的运动无关[13]。

现在假设光纤线圈是圆形的，如图 9-27 所示。当光纤线圈以角速度 Ω 围绕垂直轴旋转时，惯性参考系中静止的观察者看到发射

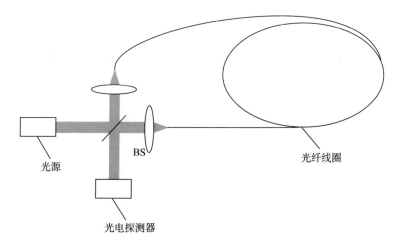

图 9 - 25　一种简单的单模光纤陀螺仪[3]

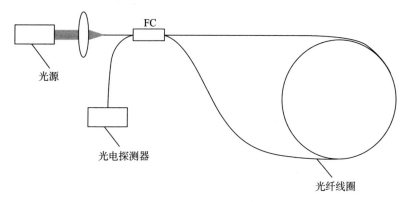

图 9 - 26　一个简单的单模全光纤陀螺仪[11]

点 M 将移动到 M'。顺时针传播光束通过整个光纤线圈的长度 L_1 为

$$L_1 = l + \Delta l = l + R\Omega T \qquad (9 - 88)$$

其中，Δl 是点 M 和 M' 之间的光纤长度，R 是光纤线圈的半径，T 是光束传播通过整个光纤线圈的平均周期，由下式给出

$$T = \frac{2\pi R}{c} \qquad (9 - 89)$$

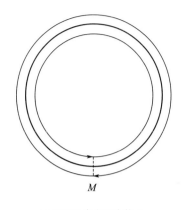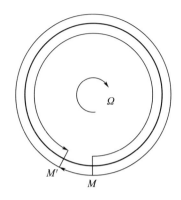

(a) 在惯性参考系中静止　　　　　(b) 相对于惯性参考系旋转

图 9 - 27　单模光纤线圈的萨格纳克效应

类似地，逆时针传播光束通过的长度 L_2 为

$$L_2 = l - \Delta l = l - R\Omega T \qquad (9-90)$$

因此，两个反向传播光束之间的附加光程差 δOPD 等于

$$\delta OPD = L_1 - L_2 = 2R\Omega T = \frac{4A\Omega}{c}$$

其中，A 是由光纤线圈包围的面积（$A = \pi R^2$）。相应地，干涉信号中的等效相移为

$$\delta\phi = \frac{8\pi A\Omega}{c\lambda_0}$$

其中，λ_0 为自由空间中的光波长。

如果光纤线圈匝数较多，则由于旋转而产生的附加光程差将会是

$$\delta OPD = \frac{4AN\Omega}{c}$$

其中，N 是光纤线圈匝数，或者

$$\delta OPD = \frac{2RL\Omega}{c} \qquad (9-91)$$

其中，L 是光纤线圈的总长度。相应地，萨格纳克相移为

$$\delta\phi = \frac{8\pi AN\Omega}{c\lambda_0}$$

或

$$\delta\phi = \frac{4\pi RL\Omega}{c\lambda_0} \tag{9-92}$$

通常，旋转速度与萨格纳克相移之间的关系表示为

$$\Omega = k\delta\phi \tag{9-93}$$

其中，k 被称为标度因子，单位为 s^{-1}。显然，光纤陀螺仪的比例因子等于

$$k = \frac{c\lambda_0}{8\pi AN} \tag{9-94}$$

$$= \frac{c\lambda_0}{4\pi RL}$$

一般来说，光纤陀螺仪需要具有高水平的灵敏度。例如，假定光纤陀螺仪具有 0.1 m 半径和 500 m 长（约 800 匝）的单模光纤线圈，并且假设激光器工作在 0.660 μm，则标度因子 k 等于

$$k = 0.32 \tag{9-95}$$

如果光纤陀螺仪可以测量地球的旋转速度 $[4.2 \times 10^{-3}\ (°)\ /s]$，则相移测量的精度应至少为

$$(\delta\phi)_{min} = 1.3 \times 10^{-2}(°) \tag{9-96}$$

增加光纤线圈的长度，光纤线圈的半径或两者同时增加可以提高光纤陀螺仪的灵敏度。然而，实际光纤陀螺仪中光纤线圈的总长度受到能量损失的限制，光纤线圈的半径受到其他约束条件的限制。因此，必须找到其他可能的方法来提高光纤陀螺仪的灵敏度。

提高灵敏度的一种方法是改变光纤陀螺仪的工作点。一般来说，光纤线圈的输出光强可以写成

$$I = I_0(1 + V\cos\delta\phi) \tag{9-97}$$

其中，I_0 是平均光强，V 是信号的对比度，$\delta\phi$ 是萨格纳克相移，如图 9-28（a）所示。光纤陀螺仪的灵敏度通常由输出信号光强的导数表示

$$\frac{\mathrm{d}I}{\mathrm{d}(\delta\phi)} = -I_0 V \sin\delta\phi \qquad (9-98)$$

显然，普通陀螺工作在零灵敏度点，在该位置，光纤陀螺的转动速度接近于零 $[\delta\phi=0,\ \mathrm{d}I/\mathrm{d}(\delta\phi)=0]$。

为了获得最大的灵敏度，工作点应该移动到正交点，如图 9-28 (b) 所示，在没有旋转的情况下，两个干涉光束之间的相位差为 $\pi/2$。相移陀螺仪的输出光强可写为

$$I = I_0 \left[1 + V\cos\left(\delta\phi + \frac{\pi}{2}\right) \right] \qquad (9-99)$$

并且输出光强的导数为

$$\frac{\mathrm{d}I}{\mathrm{d}(\delta\phi)} = -I_0 V \sin\left(\delta\phi + \frac{\pi}{2}\right)$$
$$= -I_0 V \cos\delta\phi \qquad (9-100)$$

对于很小的 $\delta\phi$，上面的公式可以简化为

$$I \approx I_0 (1 - V\delta\phi) \qquad (9-101)$$

$$\frac{\mathrm{d}I}{\mathrm{d}(\delta\phi)} \approx -I_0 V \qquad (9-102)$$

显然，当转速接近零时，相移陀螺仪的灵敏度等于信号的平均光强和对比度的乘积而不是零。

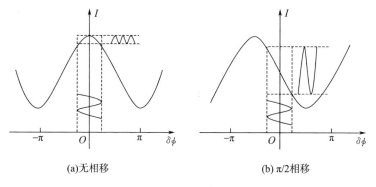

(a)无相移　　　　　　　　　　(b) $\pi/2$ 相移

图 9-28　光纤陀螺仪的操作点

这种方法的局限性包括：1) $\pi/2$ 相移的辅助分量必须稳定；否

则会在真实环境中引入不可预期的非互易相移；2）因为输出光强是
静态信号（即通过测量信号光强的变化来确定萨格纳克相移），所以
光学系统中的任何不稳定反射、损失或光源的光强噪声将引入测量
误差并因此限制了光纤陀螺仪的精度；3）这种类型的光纤陀螺仪的
动态范围一般限于 $\pm \pi/2$。

　　另一种改进灵敏度的方法是动态调制两束反向传播光束的相位
差。图 9 - 29 所示为一种单模全光纤相位调制陀螺，其中，在光纤
线圈靠近一端的位置放置了一个相位调制器，它由在一个压电圆
柱体缠绕数匝的光纤构成[12]。光源使用了一个带有尾纤的激光二
极管，鉴于固态干涉仪结构的基本特性，这样可以保证光纤陀螺
的稳定性。使用了一个光纤偏振器和两个同轴光纤偏振控制器，
以保证两个反向传播光束偏振模式相同，并因此得到最大信号对
比度。

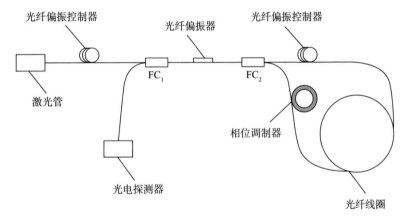

图 9 - 29　单模全光纤相位调制陀螺仪[12]

　　压电圆柱体在改变其外加电信号时其直径大小也会发生变化。
产生的应力会对缠绕在压电圆柱体上光纤的长度和有效折射率进行
调制，进而调制导波的相位。由于互易性，顺时针和逆时针传播光
束的相位调制幅度完全相同。然而，由于通过光纤的传播时间不同，
在两个光束之间产生相对相位差。输出信号一般用锁相放大器预处

理，二次谐波用于旋转速度的校准。

图 9 - 30 显示了另一种单模全光纤相位调制陀螺仪，其中 Y 型波导耦合器和两个金属电极相位调制器通过集成光学（IO）技术在 LiNbO₃ 衬底材料上制作[31]。这种配置的优点包括：它可以在闭环模式下工作，其中一个相位调制器用于相位调制，而另一个用于产生反向相移以消除由于旋转造成的相移，并且 IO 元件可以用作高质量偏振器。

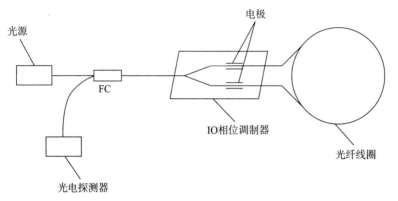

图 9 - 30　采用 IO 元件的单模全光纤相位调制陀螺仪

频率调制的连续波干涉能够自然产生动态信号，因此不存在零灵敏度点的问题。光纤 FMCW 陀螺仪的潜在问题是，由于干涉仪结构不平衡的性质，如果环境条件不稳定，可能存在不可预期的非互易相移。这种不可逆的相位漂移会显著影响陀螺仪的精度和长期稳定性。但是，如果光纤网络设计合理，则可以通过光学或电学方式补偿这种不可逆相移。考虑到 FMCW 干涉的其他优点，如高精度（易于校准局部相位和抗光功率变化）、大测量范围（无 ± π/2 相移限制和无模糊条纹计数问题）、信号处理简单（准正弦拍频信号）、体积小、重量小（无体型相位调制器）等，频率调制连续波干涉技术可以成为开发先进光纤陀螺仪的新型高效方法。

9.6.2 单模光纤 FMCW 陀螺仪

图 9-31 以示意图形式给出了单模光纤 FMCW 陀螺仪，其由激光二极管、两个偏振器（P_1 和 P_2）、两个耦合透镜、四个 Y 型单模光纤耦合器（$FC_1 \sim FC_4$）、单模光纤线圈、光电探测器和在线光纤偏振控制器（PC）组成[105]。FC_1 和 FC_3 的两根输出光纤分别与 FC_2 和 FC_4 两根输入光纤连接，构成非平衡干涉仪的基本结构。FC_2 和 FC_4 的输出光纤与光纤线圈连接。使用两个偏振器和同轴光纤偏振控制器来确保两个反向传播光束以相同的偏振模式传播，从而可以优化拍频信号的对比度。

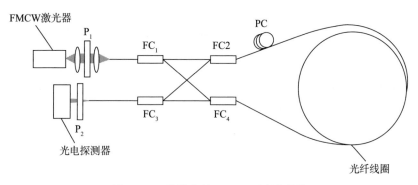

图 9-31　单模光纤 FMCW 陀螺仪[105]

首先由 FC_1 将极化的 FMCW 激光束分成两束。一束穿过 FC_2 并进入光纤线圈的上端，另一束穿过 FC_4 并进入光纤线圈的下端。这两束光束以相反方向传播，再次分别通过耦合器 FC_4 和 FC_2，并进入光纤耦合器 FC_3 进行相干混合。产生的拍频信号从 FC_3 输出，最后由光电探测器接收。

光纤线圈中两个反向传播束之间的初始光程差可写为

$$OPD = n_e (l_{12} + l_{34} - l_{14} - l_{23}) \qquad (9-103)$$

其中，n_e 是单模光纤的有效折射率，l_{12}、l_{34}、l_{14} 和 l_{23} 分别是从 FC_1 到 FC_2，FC_3 到 FC_4，FC_1 到 FC_4 和 FC_2 到 FC_3 的连接光纤的长度。

正确选择这些光纤的长度，可以得到任何我们期望的初始光程差。

如果光纤线圈处于旋转状态，由萨格纳克效应引起的附加光程差 δOPD 可写为

$$\delta OPD = \frac{4AN\Omega}{c}$$

其中 A 是由光纤线圈包围的面积，N 是光纤环路的数量，Ω 是平行于线圈轴的旋转角速度分量，c 是自由空间中的光速，或写为

$$\delta OPD = \frac{2RL\Omega}{c}$$

其中 R 是光纤线圈的半径，L 是光纤线圈的总长度。

如果激光频率用锯齿波调制，则在调制周期中检测到的拍频信号的光强 $I(t)$ 将是

$$I(OPD,t) = I_0\left[1 + V\cos\left(\frac{2\pi\Delta\nu\nu_m OPD}{c}t + \frac{2\pi}{\lambda_0}OPD\right)\right]$$
$$= I_0\left[1 + V\cos(2\pi\nu_b t + \phi_{b0})\right]$$

其中，I_0 是拍频信号的平均光强，V 是拍频信号的对比度，$\Delta\nu$ 是光频调制范围，ν_m 是调制频率，c 是自由空间中的光速，λ_0 是自由空间光波中心波长，ν_b 和 ϕ_{b0} 分别是拍频信号的频率和初始相位。考虑方程 (9-91)，萨格纳克相移 $\delta\phi_{b0}$ 可写为

$$\delta\phi_{b0} = \frac{8\pi AN\Omega}{c\lambda_0} = \frac{4\pi RL\Omega}{c\lambda_0} \qquad (9-104)$$

其中，λ_0 是自由空间中光波的中心波长。因此，光纤线圈的旋转角速度 Ω 可以由下式确定

$$\Omega = \frac{c\lambda_0}{8\pi AN}\delta\phi_{b0}$$
$$= \frac{c\lambda_0}{4\pi RL}\delta\phi_{b0} \qquad (9-105)$$
$$= k\delta\phi_{b0}$$

其中 k 是单模光纤 FMCW 陀螺仪的标度因子，由下式给出

$$k = \frac{c\lambda_0}{8\pi AN} = \frac{c\lambda_0}{4\pi RL} \qquad (9-106)$$

单模光纤 FMCW 陀螺仪的优点包括分辨率高、测量范围大和信号处理简单。其局限性在于：如果环境条件（诸如温度）改变，则在陀螺仪中引入初始光程差所必需的连接光纤可能引起额外的非互易相位漂移，因此在实际使用中需要引入适当的温度控制系统。

9.6.3　差分单模光纤 FMCW 陀螺仪

差分单模光纤 FMCW 陀螺仪的配置与单模光纤 FMCW 陀螺仪的配置相似。不同之处在于前一个陀螺仪中的两个 Y 型光纤耦合器 FC_2 和 FC_4 被两个 X 型光纤耦合器所取代，其多出的输出光纤直接相互连接形成一个快捷路径，并且激光使用门控调制信号调制，如图 9-32 所示。

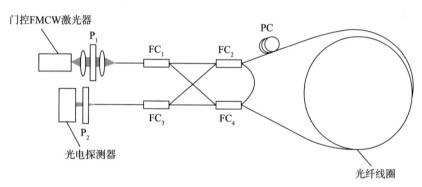

图 9-32　差分单模光纤 FMCW 陀螺仪

差分单模光纤 FMCW 陀螺仪实际上是一种时分多路复用单模光纤 FMCW 陀螺仪。一束门控 FMCW 激光束首先射入光纤耦合器 FC_1 并分成两个光束。当这些光束通过耦合器 FC_2 和 FC_4 时，它们将再次分开。两束光束的一部分以相反的方向穿过光纤线圈，一部分在快捷路径中沿反向传播。根据 8.2 节的结论，如果由光纤线圈引入的延迟时间长于频率调制周期但短于门控微波间隔，则由光纤线圈中的两个反向传播光束产生的拍频信号，以及快捷路径中的两个反向传播光束产生的拍频信号将在不同时间到达光探测器而没有重叠，因此可以用电学门电路来分离。

显然，两个拍频信号都包含由环境条件（包括激光器的频率漂移）变化引起的相同的非互易相位漂移，但是如果光纤线圈正在旋转，则只有来自光纤线圈的拍频信号包含互易萨格纳克相移。因此，用电学门电路分离两个拍频信号并找出它们之间的相位差，就可以发现纯粹由光纤线圈旋转引起的萨格纳克相移。

9.6.4　双折射光纤 FMCW 陀螺仪

我们知道，如果光耦合到两个正交偏振模式的光纤，单个长度的双折射光纤可以用作双光束非平衡干涉仪。因此，对于双折射光纤 FMCW 陀螺仪，没有必要构建额外的光纤网络来引入初始光程差。

图 9 - 33 显示了一个由激光二极管、双折射光纤线圈、偏振器（P）、分束器（BS）、三个准直耦合透镜以及一个光电探测器组成的双折射光纤 FMCW 陀螺仪[78]。偏振 FMCW 激光束首先由 BS 分成两束，然后这两束光束以不同的偏振模式从不同的端口耦合到双折射光纤线圈中。例如，顺时针传播光束耦合到 $HE_{11}{}^x$ 模式，而逆时针传播光束耦合到 $HE_{11}{}^y$ 模式。在穿过光纤线圈之后，两个光束通过相同的分束器 BS 重新组合。产生的拍频信号最终由光电探测器检测。

应注意，由于每束光束的偏振方向在从双折射光纤出射后旋转 $90°$，故两束出射光束的偏振方向仍然相互平行，但是它们垂直于入射光束的偏振方向。双折射光纤陀螺仪的这一特性非常重要，因为它能确保陀螺仪始终获得最佳的信号对比度。

双折射光纤线圈中两个反向传播光束之间的光程差 OPD 可写为

$$OPD = (n_x - n_y)l \qquad (9-107)$$

其中，n_x 是 $HE_{11}{}^x$ 模式的有效折射率，n_y 是 $HE_{11}{}^y$ 模式的有效折射率，l 是双折射光纤线圈的长度。如果用锯齿波调制激光频率，则调制周期中检测到的拍频信号的光强 $I(t)$ 可写为

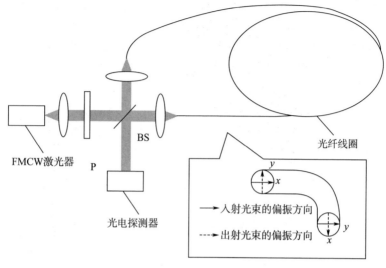

图 9-33　双折射光纤 FMCW 陀螺仪[78]

$$I(OPD,t)=I_0\left[1+V\cos\left(\frac{2\pi\Delta\nu\nu_m OPD}{c}t+\frac{2\pi}{\lambda_0}OPD\right)\right]$$
$$=I_0\left[1+V\cos(2\pi\nu_b t+\phi_{b0})\right]$$

其中，I_0 是拍频信号的平均光强，V 是拍频信号的对比度，$\Delta\nu$ 是光频调制范围，ν_m 是调制频率，c 是自由空间中的光速，λ_0 是自由空间中光波的中心波长，ν_b 和 ϕ_{b0} 分别是拍频信号的频率和初始相位。

拍频信号的萨格纳克相移 $\delta\phi_{b0}$ 可写为

$$\delta\phi_{b0}=\frac{8\pi AN\Omega}{c\lambda_0}=\frac{4\pi RL\Omega}{c\lambda_0}$$

其中，λ_0 是自由空间中光波的中心波长。因此，光纤线圈的旋转角速度 Ω 可以由下式确定

$$\Omega=\frac{c\lambda_0}{8\pi AN}\delta\phi_{b0}=\frac{c\lambda_0}{4\pi RL}\delta\phi_{b0}=k\delta\phi_{b0}$$

其中 k 是单模光纤 FMCW 陀螺仪的标度因子，由下式给出

$$k=\frac{c\lambda_0}{8\pi AN}=\frac{c\lambda_0}{4\pi RL}$$

双折射光纤 FMCW 陀螺仪的优点包括配置简单、无偏振噪声（对于理想的双折射光纤）。缺点是如果环境参数改变，双折射光纤线圈中的不可逆光程差会引入不可预期的非互易相移。另一方面，这种现象为双折射光纤萨格纳克干涉仪进行环境参数（如应变和温度）测量提供了可能性。

9.6.5　差分双折射光纤 FMCW 陀螺仪

差分双折射光纤 FMCW 陀螺仪实际上是一个偏振分光复用双折射光纤 FMCW 陀螺仪，如图 9 - 34 所示。与前面的双折射光纤 FMCW 陀螺仪相比，差分光纤陀螺仪的主要区别在于入射双折射光纤线圈的两束光束都耦合到 HE_{11}^x 模式和 HE_{11}^y 模式。[这可以简单地通过将偏振器（P）旋转 45°来实现]。因此，在双折射光纤中将存在两个顺时针传播光束和两个逆时针传播光束。换句话说，将有两个 HE_{11}^x 模式光束和两个 HE_{11}^y 模式光束在双折射光纤中传播。

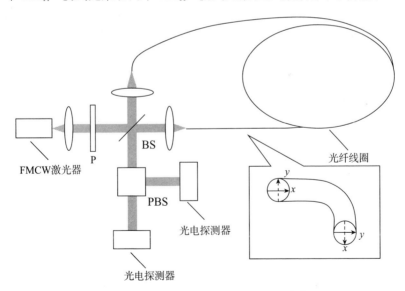

图 9 - 34　差分双折射光纤 FMCW 陀螺仪

　　注意，与前面的双折射光纤陀螺仪的情况类似，双折射光纤线圈两端的主轴坐标具有 90°的旋转，因此顺时针传播的 $HE_{11}{}^y$ 模式波束和逆时针传播的 $HE_{11}{}^y$ 模式波束将在离开双折射光纤线圈时同向振动并产生拍频信号；而顺时针传播 $HE_{11}{}^y$ 模式光束和逆时针传播 $HE_{11}{}^x$ 模式光束在离开双折射光纤线圈后将在另一个正交方向上同向振动并产生另一个拍频信号。这两个拍频信号自然是互相垂直的，所以它们可以通过使用偏振分束器（PBS）分开。分离的拍频信号最终由两个光电检测器检测。

　　这种配置的重要特性之一是，两个拍频信号包含相同的初始光程差，但如果光纤线圈处于旋转状态，两个拍频信号产生的萨格纳克变化相反。例如，假设 $n_{ex} > n_{ey}$，如果我们将短光路作为两个拍频信号的参考，则初始光程差 OPD_1 和 OPD_2 等于

$$OPD_1 = OPD_2 = (n_{ex} - n_{ey})L$$

其中，n_{ex} 和 n_{ey} 分别是 $HE_{11}{}^x$ 模式和 $HE_{11}{}^y$ 模式的有效折射率，L 是双折射光纤线圈的总长度。当光纤线圈顺时针旋转时，顺时针传播的 $HE_{11}{}^x$ 模式光束的长光路变长，而逆时针传播的 $HE_{11}{}^y$ 模式光束的短光路变短，使得第一拍频信号中的光程差增大，如图 9-35（a）所示。同时，顺时针传播的 $HE_{11}{}^y$ 模式光束的短光路变长，而逆时针传播的 $HE_{11}{}^x$ 模式光束的长光路变短，使得第二拍频信号中的光程差减小，如图 9-35（b）所示。

　　换句话说，当光纤线圈顺时针旋转时，由顺时针传播的 $HE_{11}{}^x$ 模式光束和逆时针传播的 $HE_{11}{}^y$ 模式光束产生的光程差 δOPD_1 的萨格纳克变化将是

$$\delta OPD_1 = \frac{2RL\Omega}{c} \tag{9-108}$$

另一方面，由顺时针传播的 $HE_{11}{}^y$ 模式光束和逆时针传播的 $HE_{11}{}^x$ 模式光束产生的光程差 δOPD_2 的萨格纳克变化将是

$$\delta OPD_2 = \frac{-2RL\Omega}{c} \tag{9-109}$$

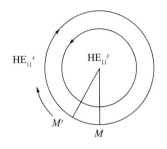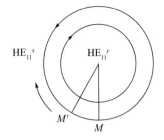

(a)沿着HE_{11}^x模式光束顺时针旋转的OPD 和沿着HE_{11}^y模式光束逆时针旋转的OPD

(b)沿着HE_{11}^y模式光束顺时针旋转的OPD 和沿着HE_{11}^x模式光束逆时针旋转的OPD

图 9 - 35 双折射光纤线圈的萨格纳克效应

因此，两个拍频信号 $\delta\phi_{b01}$ 和 $\delta\phi_{b02}$ 的萨格纳克相移为

$$\delta\phi_{b01} = \frac{4\pi RL\Omega}{c\lambda_0} \qquad (9-110)$$

$$\delta\phi_{b02} = \frac{-4\pi RL\Omega}{c\lambda_0} \qquad (9-111)$$

两个拍频信号 $\Delta(\delta\phi_{b0})$ 的相位差等于

$$\Delta(\delta\phi_{b0}) = \delta\phi_{b01} - \delta\phi_{b02}$$
$$= \frac{8\pi RL\Omega}{c\lambda_0} \qquad (9-112)$$

旋转角速度 Ω 定义为

$$\Omega = \frac{c\lambda_0}{8\pi RL}\Delta(\delta\phi_{b0})$$
$$= k\Delta(\delta\phi_{b0}) \qquad (9-113)$$

其中，k 是差分双折射光纤 FMCW 陀螺仪的标度因子，由下式给出

$$k = \frac{c\lambda_0}{8\pi RL} \qquad (9-114)$$

显然，差分双折射光纤 FMCW 陀螺仪不仅克服了非互易相位漂移的问题，而且使旋转灵敏度提高了两倍。

差分光纤 FMCW 陀螺仪（包括差分单模光纤陀螺仪和差分双折射光纤陀螺仪）不受环境条件和激光频率漂移的影响。这非常重要，因为它显著提高了陀螺仪的准确性和长期稳定性。鉴于其具有分辨率高、测量范围大、信号简单、完全被动、体积小、重量小等优点，差分光纤 FMCW 陀螺仪将受到越来越多的关注。

第 10 章　光学调频连续波干涉信号处理

从前面的章节中，我们可以看到，一个光学调频连续波干涉系统的所有信息都包含在拍频信号中。拍频信号的频率和初始相位都与系统中两个干涉光波的光程差有关。由拍频信号的频率可以确定光程差的绝对值（或相关参数的绝对值），而由拍频信号的初始相位的变化（即相移）可以确定光程差的变化（或相关参数的变化）。因此，任何光学调频连续波干涉系统的最终任务都是确定拍频信号的频率和相移。

测量拍频信号的频率和相移最简单的方法是使用电子示波器来分析拍频信号的波形。例如，拍频信号的周期可以通过测量两个相邻峰（或两个相邻的过零点）之间的时间间隔确定，拍频信号的频率 ν_b 可以用方程计算

$$\nu_b = \frac{1}{T_b} \qquad (10-1)$$

式中，T_b 为拍频信号的周期。

对于一个锯齿波调制的 FMCW 干涉仪产生的拍频信号，通常使用调制信号的波形作为参考，通过观察信号波形的移动来确定相位偏移。对于由三角波或正弦波调制的 FMCW 干涉仪拍频信号，因为在上升段和下降段的拍频信号的相移方向是相反的，故相移可以通过在上升和下降阶段的连接光强的变化确定。例如，相对于图 10-1 (a) 的波形，图 10-1 (b)、图 10-1 (c)、图 10-1 (d) 的波形分别相移了 $\pi/2$、π 和 $3\pi/2$。

使用示波器确定拍频信号的频率直观又简单。然而，对于自动信号处理或仪表来说，信号处理电路是必需的。在下面的部分，我们将介绍关于频率和相位测量的一些实用电子学方法。

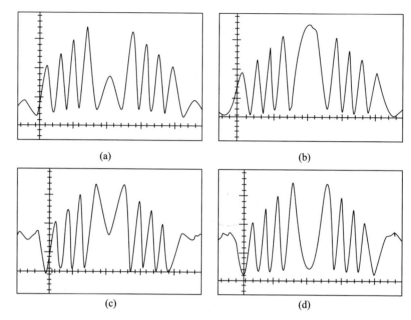

图 10-1 正弦波 FMCW 干涉仪的拍频信号波形 （作者摄）

10.1 频率测量

频率测量是电子测量技术中的一个典型问题。一些现有的频率测量方法经过稍作修改后即可用于光学 FMCW 干涉中的频率测量。在本节中将讨论三种常用的方法：时间固定周期计数法、数值固定周期计数法和脉冲填充法。

10.1.1 时间固定周期计数法

在该测量方法中，使用固定宽度门信号周期性地截取拍频信号，然后使用脉冲计数器对输出信号进行计数。例如，对于一个锯齿波调制 FMCW 干涉仪的拍频信号，为了避免相邻调制周期结合处相位不连续导致的误差，门信号需要具有与调制信号相同的频率。在每个调制周期的起始时刻门信号开始有效，且门信号宽度小于调制周期，如图 10 - 2 所示。

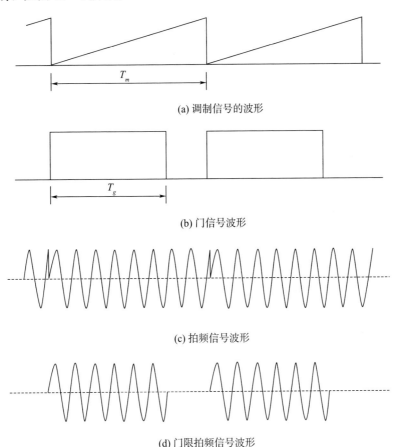

(a) 调制信号的波形

(b) 门信号波形

(c) 拍频信号波形

(d) 门限拍频信号波形

图 10 - 2　时间固定周期计数频率测量方法

此时，拍频信号的频率 ν_b 由下式给出

$$\nu_b = \frac{N}{T_g} \tag{10 - 2}$$

其中，N 为门信号内拍频信号的周期数，T_g 为门宽度。门宽度通常由另外的高频脉冲信号量化。

最大相对误差 $\Delta\nu_b/\nu_b$ 由周期 N 的小数部分（通常称为量化误差）和门信号宽度的不准确性两部分构成，可写成

$$\frac{\Delta\nu_b}{\nu_b} = \frac{\Delta N}{N} + \frac{\Delta T_g}{T_g}$$

$$= \frac{1}{N} + \frac{\Delta T_p}{T_p} \qquad (10-3)$$

$$= \frac{1}{\nu_b T_g} + \frac{\Delta\nu_p}{\nu_p}$$

其中，T_p 是脉冲信号的周期，ΔT_p 是脉冲信号周期误差，ν_p 为脉冲信号的频率，$\Delta\nu_p$ 是脉冲信号频率误差。

由于最大相对误差与拍频信号频率成反比，因此该方法适用于测量高频拍频信号。

10.1.2　数值固定周期计数法

数值固定周期计数方法仍采用门信号周期性截取拍频信号，但截取的拍频信号的周期数固定，门宽可变。通过使用另一个高频脉冲信号来测量门的宽度，我们可以确定输入的拍频信号的频率，如图 10-3 所示。

拍频信号的频率由下式给出

$$\nu_b = \frac{N}{T_g} = \frac{N}{MT_p} \qquad (10-4)$$

其中，N 为门信号范围内拍频信号的周期数，T_g 是有效门信号宽度，M 是有效门信号范围内高频脉冲数，T_p 是脉冲周期。

最大相对误差 $\Delta\nu_b/\nu_b$ 可写为

$$\frac{\Delta\nu_b}{\nu_b} = \frac{\Delta M}{M} + \frac{\Delta T_p}{T_p}$$

$$= \frac{1}{M} + \frac{\Delta\nu_p}{\nu_p} \qquad (10-5)$$

$$= \frac{\nu_p}{N\nu_p} + \frac{\Delta\nu_p}{\nu_p}$$

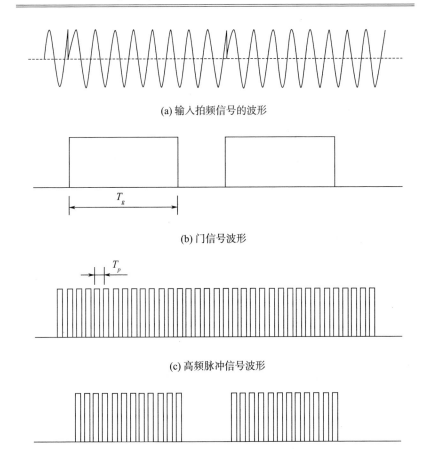

(a) 输入拍频信号的波形

(b) 门信号波形

(c) 高频脉冲信号波形

(d) 门限高频脉冲信号波形

图 10-3 固定数值周期计数频率测量方法

这里，ν_p 是脉冲信号频率，$\Delta \nu_p$ 是脉冲信号频率误差。第一项是量化误差，第二项是由脉冲周期不确定性产生的误差。

显然，数值固定周期计数法适用于低频拍频信号。然而，由于要求门信号宽度比调制周期短，所以拍频信号的频率必须高于 N/T_m（T_m 是激光器的调制周期）。

周期计数法（包括时间固定周期计数法和数值固定周期计数法）适用于拍频信号的平均频率测量。因此，它们经常用于非线性

FMCW 干涉系统，如正弦波 FMCW 干涉系统。即使在线性 FMCW
干涉中，平均频率仍然是有用的，因为它可以最大限度地减小激光
的非线性频率响应的影响。

10.1.3　脉冲填充法

　　对于频率很低的拍频信号，周期计数法并不适用，而脉冲填充
法则更为可取。脉冲填充法基于周期测量。现在将门信号的宽度重
新定义为拍频信号的周期，并使用另一个高频脉冲信号测量门信号
宽度。例如，如果每个调制周期中的拍频信号的第一个零点用来触
发一个门，用第三个零点来关闭这个门，如图 10 - 4 所示，拍频信
号周期 T_b 可表示为

$$T_b = T_g = MT_p \qquad (10-6)$$

其中，T_g 是门信号宽度，M 是门信号宽度范围内填充的脉冲数，T_p
为脉冲周期。拍频信号频率 ν_b 可由下式定义

$$\nu_b = \frac{1}{MT_p} \qquad (10-7)$$

　　脉冲填充法最大相对误差 $\Delta\nu_b / \nu_b$ 可以写成

$$
\begin{aligned}
\frac{\Delta\nu_b}{\nu_b} &= \frac{\Delta M}{M} + \frac{\Delta T_p}{T_p} \\
&= \frac{1}{M} + \frac{\Delta\nu_p}{\nu_p} \qquad (10-8) \\
&= \frac{\nu_b}{\nu_p} + \frac{\Delta\nu_p}{\nu_p}
\end{aligned}
$$

其中，ν_p 是脉冲信号频率，$\Delta\nu_p$ 是脉冲信号频率误差。方程中的第一
项是量化误差，第二项是由于脉冲周期不准确引起的误差。

　　脉冲填充法的优点是其只使用一个脉冲计数器。其局限性是随
着拍频的增加，相对误差会增大。脉冲填充法的最小可测频率等于
激光器的调制频率。

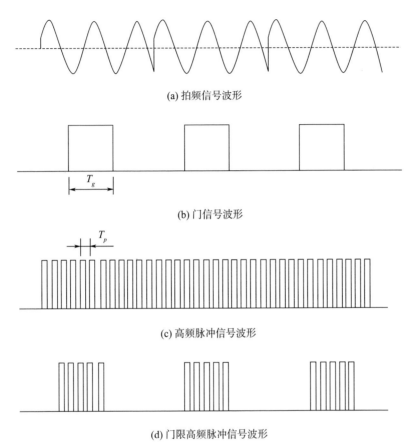

(a) 拍频信号波形

(b) 门信号波形

(c) 高频脉冲信号波形

(d) 门限高频脉冲信号波形

图 10 - 4　脉冲填充频率测量法

10.2　相位测量

　　相位测量也有三种信号处理方法：脉冲填充法、锁相环法和数字信号处理法。前两种方法可以测量同一频率的两个正弦信号之间的相位差。显然，它们适合测量范围较小的情况下锯齿波调制光学FMCW 干涉仪产生的拍频信号的相移。通常，锯齿波调制 FMCW 干涉产生的拍频信号首先被发送到一个隔离电路消除光强调制，然后发送到一个电子带通滤波器，选择拍频信号中最强的谐波分量，并将其相位与标准参考信号进行比较，该标准参考信号通常来自激光器的调制信号。数字信号处理方法适用于任何类型的拍频信号，但相对比较复杂。

10.2.1　脉冲填充法

图 10-5 说明了脉冲填充法的工作原理。一个标准的正弦参考信号［波形（a）］和移相正弦拍频信号［波形（b）］首先通过施密特触发器转换成矩形波［波形（c）和（d）］。然后，这些矩形波用来触发一个 R-S 触发器。触发器的输出是一个矩形波［波形（e）］，其门宽度是由输入信号和标准信号之间的相位差决定的，并用于限定高频脉冲信号［波形（f）］。以波形（e）作为计数门信号对高频脉冲进行计数［波形（g）］，可以确定相位差的值。

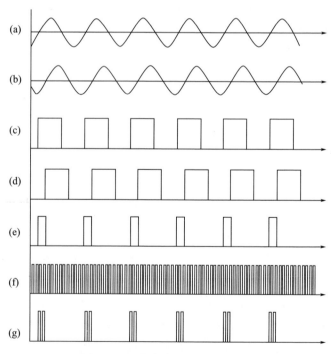

图 10-5　脉冲填充相位测量方法

假如该高频脉冲信号的频率是标准信号频率的 N 倍，则输入信号和标准信号之间的相位差 $\delta\phi$ 将由下式给出

$$\delta\phi = \frac{2\pi M}{N} \qquad (10-9)$$

其中，M 是填充在门限内的脉冲数，$\delta\phi$ 是弧度。这种方法的最大相位误差 $\Delta\delta\phi$ 由脉冲细分部分确定，可以写为

$$\Delta\delta\phi = \frac{2\pi}{N} \qquad (10-10)$$

脉冲填充法可以测量等于或小于一个周期的相位差。对于更大的相位差，可以通过计算两个比较信号之间的脉冲差来确定整周期的个数。

10.2.2　锁相环法

锁相环法基于锁相环（PLL）技术。一个典型的锁相环由四个部分组成：相敏探测器、带有低通滤波的高增益放大器、压控振荡器（VCO）和 N 次分频器。相敏探测器输出一个与两个输入之间的相位差成正比的直流电压，而压控振荡器根据直流电压改变其正弦波振荡器的频率。这些组件通常以环路方式连接，如图 10-6 所示，因此，输入信号和 VCO 信号之间的相位差都被最小化。

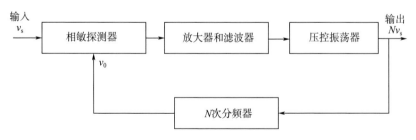

图 10-6　锁相环相位测量方法

假设输入信号的频率为 ν_s、压控振荡器 VCO 输出信号的频率是 $N\nu_0$，其中 N 是 VCO 的频率放大系数。如果输入信号的相位差为 $\delta\phi$，相敏探测器和放大器的输出信号会使 VCO 的频率增加，以

保持与输入信号有相同的相位。如果相移弧度为 $2\pi/N$ ，VCO 的输出将变化一个周期。因此，测量周期的变化，就可以确定输入信号的相移。

同样，这种方法的最大误差 $\Delta\delta\phi$ 由循环细分部分确定，可以写为

$$\Delta\delta\phi = \frac{2\pi}{N} \qquad (10-11)$$

锁相环方法的优点是分辨率高、结构简单。（可封装成单片 PLL 集成电路芯片）。其缺点是输入信号的相位不能变化太快。

10.2.3　数字信号处理法

随着电子技术和计算机技术的快速发展，我们已经可以使用高性能的模数（A/D）转换器、高性能的数模（D/A）转换器，高速专用数字处理器和高速计算机。因此，数字信号处理（DSP）方法越来越实用，也越来越重要。

数字信号处理方法是测量拍频信号相位（或频率）的最佳方法。用数字信号处理方法可以消除前述调制方法在调制波形、相移速度和测量范围等方面存在的缺陷和局限性。

在数字信号处理方法中，输入信号首先由高速高分辨率 A/D 转换器数字化，信号的幅度和相位由微机或特定数字处理器中的高速计算单元确定。数字输出可用于直接显示或由 D/A 转换器将其转换成模拟信号用于系统控制，如图 10-7 所示。

图 10-7　数字信号处理原理

数字信号处理，特别是实时数字信号处理，仍然是一个具有挑战性的课题。目前仍在进行大量的研究。

参 考 文 献

[1] Hymans, A. J. , and Lait, J. , Analysis of a frequency – modulated continuous – wave ranging system, Proc. IEEE 107 – B, 365 – 372 (1960).

[2] Skolnik, M. I. , Introduction to radar systems, McGraw – Hill, New York (1962).

[3] Vali, V. , and Shorthill, R. W. , Fiber ring interferometer, Appl. Opt. 15, 1099 – 1100 (1976).

[4] Cahill, R. F. , and Udd, E. , Phase – nulling fiber – optic laser gyro, Opt. Lett. 4, 93 – 95 (1979).

[5] Goss, W. C. , Goldstein, R. , Nelson, M. D. , Fearnehaugh, H. T. , and Ramer, O. G. , Fiber – optic rotation sensor technology, Appl. Opt. 19, 852 – 858 (1980).

[6] Bergh, R. A. , Lefevre, H. C. , and Shaw, H. J. , Single – mode fiber – optic polarizer, Opt. Lett. 5, 479 – 481 (1980).

[7] Lefevre, H. C. , Single – mode fibre fractional wave devices and polarization controllers, Electron. Lett. 16, 778 – 780 (1980).

[8] Ulrich, R. , Fiber – optic rotation sensing with low drift, Opt. Lett. 5, 173 – 175 (1980).

[9] Hotate, K. , Yoshida, Y. , Higashiguchi, M. , and Niwa, N. , Fiber – optic laser gyro with easily introduced phase – difference bias, Appl. Opt. 20, 4313 – 4318 (1981).

[10] Adams, A. J. , An introduction to optical waveguides, John Wiley & Sons, New York (1981).

[11] Bergh, R. A. , Lefevre, H. C. , and Shaw, H. J. , All – single – mode fiber – optic gyroscope, Opt. Lett. 6, 198 – 200 (1981).

[12] Bergh, R. A. , Lefevre, H. C. , and Shaw, H. J. , All – single – mode

fiber－optic gyroscope with long－term stability, Opt. Lett. 6, 502－504 (1981).

[13] Arditty, H. J. , and Lefevre, H. C. , Sagnac effect in fiber gyroscopes, Opt. Lett. 6, 401－403 (1981).

[14] Kobayashi, S. , Yamamoto, Y. , Ito, M. , and Kimura, T. , Direct frequency modulation in AlGaAs semiconductor lasers, IEEE J. of Quantum Electron. QE－18, 582－595 (1982).

[15] Culshaw, B. , and Giles, I. P. , Frequency modulated heterodyne optical fiber Sagnac interferometer, IEEE J. of Quantum Electron. QE－18, 690－693 (1982).

[16] Jackson, D. A. , Kersey, A. D. , Corke, M. , and Jones, J. D. C. , Pseudoheterodyne detection scheme for optical interferometers, Electron. Lett. 18, 1081－1083 (1982).

[17] Giles, I. P. , Uttam, D. , Culshaw, B. , and Davies, D. E. N. , Coherent optical－fibre sensors with modulated laser sources, Electron. Lett. 19, 14－15 (1983).

[18] Corke, M. , Kersey, A. D. , Jackson, D. A. , and Jones, J. D. C. , All－fibre Michelson thermometer, Electron. Lett. 19, 471－472 (1983).

[19] Bergh, R. A. , Lefevre, H. C. , and Shaw, H. J. , An overview of fiber－optic gyroscopes, J. of Lightwave Technol. LT－2, 91－107 (1984).

[20] Uttam, D. , Culshaw, B. , Ward, J. D. , and Carter, D. , Interferometric optical fiber strain measurement, J. Physics E: Sci. Instrum. 18, 290－293 (1985).

[21] Uttam, D. , and Culshaw, B. , Precision time domain reflectometry in optical fiber systems using a frequency modulate continuous wave ranging technique, J. of Lightwave Technol. LT－3, 971－976 (1985).

[22] Uttam, D. , Measurement of intermodal delay in a dual－mode optical fibre, Electron. Lett. 21, 1031－1033 (1985).

[23] Franks, R. B. , Torruellas, W. , and Youngquist, R. C. , Birefringent stress location sensor, Proc. SPIE 586, 84－89 (1985).

[24] Thyagarajan, K. , Bourbin, Y. , Enard, A. , Vatoux, S. , and Papuchon, M. , Experimental demonstration of TM mode－attenuation resonance in

planar metal - clad optical waveguides, Opt. Lett. 10, 288 - 290 (1985).

[25] Brooks, J. L. Wentworth, R. H. , Youngquist, R. C. , Tur, M. , Kim, B. Y. , and Shaw, H. J. , Coherence multiplexing of fiber optic interferometric sensors, J. of Lightwave Technol. T - 3, 1062 - 1072 (1985).

[26] Franks, R. B. , Torruellas, W. , and Youngquist, R. C. , An extended fiber optic stress location sensor, Opt. Acta 33, 1505 - 1518 (1986).

[27] Economou, G. , Youngquist, R. C. , and Davies, D. E. N. , Limitations and noise in interferometric systems using frequency ramped single - mode diode lasers, J. of Lightwave Technol. LT - 4, 1601 - 1608 (1986).

[28] Beheim, G. , and Fritsch, K. , Range finding using frequency - modulated laser diode, Appl. Opt. 25, 1439 - 1442 (1986).

[29] Beheim, G. , Fiber - optic interferometer using frequency - modulated laser diodes, Appl. Opt. 25, 3469 - 3472 (1986).

[30] Mallallieu, K. L. , Youngquist, R. , and Davies, D. E. N. , FMCW of optical source envelope modulation for passive multiplexing of frequency - based fibre - optic sensors, Electron. Lett. 22, 809 - 810 (1986).

[31] Lefevre, H. C. , Vatoux, S. , Papuchon, M. , and Puech, C. , Integrated optics: a practical solution for the fiber - optic gyroscope, Proc. SPIE 719, 101 - 112 (1986).

[32] Kersey, A. D. , Dandridge, A. , Phase - Noise reduction in coherence - multiplexed interferometric fibre sensors, Electron. Lett. 22, 616 - 617 (1986).

[33] Sakai, I. , Frequency - division multiplexing of optical - fibre sensors using a frequency - modulated source, Opt. Quantum Electron. 18, 279 - 289 (1986).

[34] Sakai, I. , Parry, G. , and Youngquist, R. C. , Multiplexing fiber - optic sensors by frequency modulation: cross - term considerations, Opt. Lett. 11, 183 - 185 (1986).

[35] Sakai, I. , Youngquist, R. C. , and Parry, G. , Multiplexing of optical fiber sensors using a frequency - modulated source and gated output, J. of Lightwave Technol. LT - 5, 932 - 939 (1987).

[36] Dyott, R. B., Bello, J., and Handerek, V. A., Indium‑coated D‑shaped‑fiber polarizer, Opt. Lett. 12, 287‑289 (1987).

[37] Brooks, J. L., Moslehi, B., Kim, B. Y., and Shaw, H. J., Time‑domain addressing of remote fiber‑optic interferometric sensor arrays, J. of Lightwave Technol. 5, 1014‑1023 (1987).

[38] Den Boef, A. J., Interferometric laser rangefinder using a frequency modulated diode laser, Appl. Opt. 26, 4545‑4550 (1987).

[39] Leilabady, P. A., Optical fiber point temperature sensor, Proc. SPIE 838, 231‑237 (1987).

[40] Kubota, T., Nara, M., and Yoshino, T., Interferometer for measuring displacement and distance, Opt. Lett. 12, 310‑312 (1987).

[41] Chen, J., Ishii, Y., and Murata, K., Heterodyne interferometry with a frequency‑modulated laser diode, Appl. Opt. 27, 124‑128 (1988).

[42] Farahi, F., Gerges, A. S., Jones, J. D. C., and Jackson, D. A., Time‑division multiplexing of fibre optic interferometric sensors using a frequency modulated laser diode, Electron. Lett. 24, 54‑55 (1988).

[43] Farahi, F., Jones, J. D. C., and Jackson, D. A., Multiplexed fibre‑optic interferometric sensing system: combined frequency and time division, Electron. Lett. 24, 409‑410 (1988).

[44] Francis, D. M., Effect of laser coherence and system design on FMCW multiplexed sensor system performance, Proc. SPIE 1169, 159‑171 (1989).

[45] Meggitt, B. T., and Palmer, A. W., A fibre optic compatible signal‑processing scheme for dual wavelength interferometry using Fourier harmonics, Measurement 7, 50‑54 (1989).

[46] Sorin, W. V., Donald, D. K., Newton, S. A., and Nazarathy, M., Coherent FMCW reflectometry using a temperature tuned Nd: YAG ring laser, IEEE Photonics Technol. Lett. 2, 902‑904 (1990).

[47] Berkoff, T. A., and Kersey, A. D., Interferometric fibre displacement/strain sensor based on source coherence synthesis, Electron. Lett. 26, 452‑453 (1990).

[48] Venkatesh, S., and Dolfi, D. W., Incoherent frequency modulated CW

optical reflectometry with centimeter resolution, Appl. Op. 29, 1323 - 1326 (1990).

[49] Kotrotsios, G. , Benech, P. , and Parriaux, O. , Multipoint operation of two - mode FMCW distributed fiber - optic sensor, J. of Lightwave Technol. 8, 1073 - 1077 (1990).

[50] Lu, Z. J. , and Blaha, F. A. , A two - mode fiber optic strain sensor system for smart structures and skins, Proc. SPIE 1370, 180 - 188 (1990).

[51] Hogg, D. , Janzen, D. , Valis, T. , and Measures, R. M. , Development of a fiber Fabry - Perot strain gauge, Proc. SPIE 1588, 300 - 307 (1991).

[52] Venkatesh, S. , and Sorin, W. V. , Fibre - tip displacement sensor using sinusoidal FM - based technique, Electron. Lett. 27, 1652 - 1654 (1991).

[53] Zheng, G. , Tian, Q. , and Liang, J. W. , Multifunction multi - channel remote - reading optical fiber sensor system, Proc. SPIE 1572, 299 - 303 (1991).

[54] Zheng, G. , Tian, Q. , and Liang, J. W. , Frequency division multiplexing optical fiber displacement sensor with high precision, Acta IMEKO 1991, 1413 - 1418 (1991).

[55] Toyama, K. , Fesler, K. A. , Kim, B. Y. , and Shaw, H. J. , Digital integrating fiber - optic gyroscope with electronic phase tracking, Opt. Lett. 16, 1207 - 1209 (1991).

[56] Chien P. Y. , and Pan, C. L. , Multiplexed fiber - optic sensors using a dual - slope frequency - modulated source, Opt. Lett. 16, 872 - 874 (1991).

[57] Ishii, Y. , and Onodera, R. , Two - wavelength laser - diode interferometry that uses phase - shifting techniques, Opt. Lett. 16, 1523 - 1525 (1991).

[58] Keiser, Gerd, Optical Fiber Communication, McGraw - Hill, New York (1991).

[59] Berkoff, T. A. , and Kersey, A. D. , Reflectometric two - mode elliptical - core fiber strain sensor with remote interrogation, Electron. Lett. 28, 562 - 564 (1992).

[60] Amann, M. C. , Phase noise limited resolution of coherent lidar using

widely tunable laser diodes，Electron. Lett. 28，1694 – 1696（1992）.

[61]　Passy，R. ，Gisin，N. ，and von der Weid，J. P. ，Mode hopping noise in coherent FMCW reflectometry，Electron. Lett. 28，2186 – 2188，（1992）.

[62]　Venkatesh，S. ，Sorin，W. V. ，Phase noise considerations in coherent optical FMCW reflectometry，J. of Lightwave Technol. 11，1694 – 1700（1993）.

[63]　Dieckmann，A. ，FMCW – lidar with tunable twin – guide laser diode，Electron. Lett. 30，308 – 309（1994）.

[64]　Dieckmann，A. ，and Amann，M. C. ，Phase – noise – limited accuracy of distance measurements in a frequency – modulated continuous – wave lidar with a tunable twin guide laser diode，Opt. Eng. 34，896 – 903（1995）.

[65]　Onodera，R. ，and Ishii，Y. ，Two – wavelength laser – diode interferometer with fractional fringe techniques，Appl. Opt. 34，4740 – 4746（1995）.

[66]　Ishii，Y. ，and Onodera，R. ，Phase – extraction algorithm in laser – diode phase – shifting interferometry，Opt. Lett. 20，1883 – 1885（1995）.

[67]　Onodera，R. ，and Ishii，Y. ，Two – wavelength laser – diode heterodyne interferometry with one phasemeter，Opt. Lett. 20，2502 – 2504（1995）.

[68]　Bass，M. ，Handbook of Optics，Volume I，2nd edition，McGraw – Hill，New York（1995）.

[69]　Bass，M. ，Handbook of Optics，Volume II，2nd edition，McGraw – Hill，New York（1995）.

[70]　Christiansen，D. ，Electronics Engineers' Handbook，4th edition，McGraw – Hill，New York（1996）.

[71]　Zheng，G. ，Campbell，M. ，and Wallace，P. A. ，Length – division – sensitive，birefringent fiber FMCW remote strain sensor，Proc. SPIE 2783，307 – 311（1996）.

[72]　Zheng，G. ，Campbell，M. ，Wallace，P. A. ，and Holmes – Smith，A. S. ，Single – piece – fiber FMCW remote strain sensor with environment – insensitive lead – in lead – out fibers，Proc. SPIE 2839，272 – 276（1996）.

[73]　Zheng，G. ，Campbell，M. ，and Wallace，P. A. ，Reflectometric frequency modulation continuous wave distributed fiber optic stress sensor with forward

coupled beams, Appl. Opt. 35, 5722 – 5726 (1996).

[74] Zheng, G. , Campbell, M. , Wallace, P. A. , and Holmes – Smith, A. S. , A practical birefringent fiber Sagnac ring force sensor, Proc. SPIE 2895, 196 – 200 (1996).

[75] Zheng, G. , Campbell, M. , Wallace, P. A. , and Holmes – Smith, A. S. , FMCW birefringent fiber strain sensors based on Sagnac rings, Proc. SPIE 2837, 177 – 182 (1996).

[76] Zheng, G. , Campbell, M. , Wallace, P. A. , and Holmes – Smith, A. S. , Distributed FMCW reflectometric birefringent fiber stress sensor, Proc. SPIE 2838, 291 – 295 (1996).

[77] Zheng, G. , Campbell, M. , Wallace, P. A. , and Holmes – Smith, A. S. , Configurations of remote birefringent fiber strain sensors using a frequency modulation continuous wave technique, Appl. Opt. and Opto – Electron. 1996, 380 – 385 (1996).

[78] Zheng, G. , Campbell, M. , and Wallace, P. A. , Sagnac birefringent fiber strain sensor with FMCW technique, Proc. SPIE 2784, 102 – 105 (1996).

[79] Campbell, M. , Zheng, G. , Wallace, P. A. , and Holmes – Smith, A. S. , Distributed stress sensor with a birefringent fiber Sagnac ring, Proc. SPIE 2838, 138 – 142 (1996).

[80] Campbell, M. , Zheng, G. , and Wallace, P. A. , Birefringent fiber remote strain sensor with FMCW interferometry, Proc. SPIE 2784, 98 – 101 (1996).

[81] Campbell, M. , Zheng, G. , Wallace, P. A. , and Holmes – Smith, A. S. , Reflectometric birefringent fiber sensor for absolute and relative strain measurement, Proc. SPIE 2839, 254 – 259 (1996).

[82] Campbell, M. , Zheng, G. , Wallace, P. A. , and Holmes – Smith, A. S. , Reflectometric birefringent fiber absolute and relative strain sensor with environment – insensitive lead – in/lead – out fiber, Proc. SPIE 2895, 222 – 227 (1996).

[83] Campbell, M. , Zheng, G. , and Wallace, P. A. , FMCW birefringent fiber strain sensor with two forward – coupled beams, Proc. SPIE 2783,

312 - 315 (1996).

[84]　Liyama, K. , Wang, L. T. , and Hayashi, K. , Linearizing optical frequency - sweep of a laser diode for FMCW reflectometry, J. of Lightwave Technol. 14, 173 - 178 (1996).

[85]　Minoni, U. , Scotti, G. , and Docchio, F. , Wide - range distance meter based on frequency modulation of an Nd: YAG laser, Opt. Eng. 35, 1949 - 1952 (1996).

[86]　Zhou, X. Q. , Liyama, K. , and Hayashi, K. , Extended - range FMCW reflectometry using an optical loop with a frequency shifter, IEEE Photonics Technol. Lett. 8, 248 - 250 (1996).

[87]　Campbell, M. , Zheng, G. , Wallace, P. A. , and Holmes - Smith, A. S. , A distributed FMCW fiber stress sensor based on a birefringent Sagnac ring configuration, Opt. Rev. 4, 114 - 116 (1997).

[88]　Takahashi, Y. , Yoshino, T. , Ohde, N. , Amplitude - stabilized frequency - modulated laser diode and its interferometric sensing applications, Appl. Opt. 36, 5881 - 5887 (1997).

[89]　Nérin, P. , Labeye, P. , Besesty, P. , Puget, P. , Chartier, G. , Bergeon, M. , FMCW technique using self - mixing inside a LiTaO$_3$ - Nd: YAG microchip laser for absolute distance and velocity measurements, Proc. SPIE 3100, 144 - 151 (1997).

[90]　Rovati, L. , Minoni, U. , Docchio, F. , Dispersive white light combined with a frequency - modulated continuous - wave interferometer for high - resolution absolute measurements of distance, Opt. Lett. 22, 850 - 852 (1997).

[91]　Campbell, M. , and Zheng, G. , A novel fibre optic strain sensor, International J. of Electron. 85, 545 - 552 (1998).

[92]　Ghatak, A. K. , and Thyagarajan, K. , Introduction to fiber optics, Cambridge University Press, Cambridge (1998).

[93]　Campbell, M. , Zheng, G. , Holmes - Smith, A. S. , and Wallace, P. A. , A frequency - modulated continuous wave birefringent fibre - optic strain sensor based on a Sagnac ring configuration, Meas. Sci. Technol. 10, 218 - 224 (1999).

[94] Karlsson, C. J. , and Olsson, F. ? . A. , Linearization of the frequency sweep of a frequency – modulated continuous – wave semiconductor laser radar and the resulting ranging performance, Appl. Opt. 38, 3376 – 3385 (1999).

[95] Dalton, S. D. , Fourier coefficients for range identification in FMCW radar systems, Proc. SPIE 3704, 28 – 35 (1999).

[96] Minoni, U. , and Rovati, L. , High – performance front – end electronics for frequency – modulated continuous – wave interferometers, IEEE Trans. Instrum. Meas. 48, 1191 – 1196 (1999).

[97] Ishii, Y. , and Takahashi, T. , Laser – diode phase – conjugate interferometry with a frequency – modulated continuous – wave technique, Proc. SPIE 4110, 55 – 63 (2000).

[98] Seah, L. K. , and Won, P. C. , Distributed FMCW reflectometric optical fiber strain sensor, Proc. SPIE 4416, 66 – 69 (2001).

[99] Schneider, R. , Thürmel, P. , Stockmann, M. , Distance measurement of moving objects by frequency modulated laser radar, Opt. Eng. 40, 33 – 37 (2001).

[100] Dupuy, D. , Lescure, M. , and Tap – Beteille, H. , FMCW laser range – finder with an avalanche photodiode working as an optoelectronics mixer, Proc. SPIE 4546, 54 – 63 (2002).

[101] Dupuy, D. , and Lescure, M. , Improvement of the FMCW laser range – finder by an APD working as an optoelectronics mixer, IEEE Trans. on Ins. and Meas. 51, 1010 – 1014 (2002).

[102] Amann, M. C. , Bosch, T. , Lescure, M. , Myllyl?, R. , and Rioux, M. , Laser ranging: a critical review of usual techniques for distance measurement, Opt. Eng. 40, 10 – 19 (2002).

[103] Won, P. C. , Seah, L. K. , and Xie, G. P. , Quasi – distributed frequency – modulated continuous – wave reflectometric optical fiber strain sensor, Opt. Eng. 41, 788 – 795 (2002).

[104] Hecht, E. , Optics, 4th edition, Addison – Wesley, Reading, MA (2002).

[105] Zheng, J. , Single – mode fibre frequency – modulated continuous – wave

Sagnac gyroscope, Electron. Lett. 40, 1255 - 1257 (2004).

[106] Zheng, J. , Differential birefringent fiber frequency - modulated continuous - wave Sagnac interferometer, in CLEO/IQEC 2004, San Francisco, California, Sponsored by APS, IEEE - LEOS and OSA, paper CThII3 (2004).

[107] Zheng, J. , Analysis of optical frequency - modulated continuous - wave interference, Appl. Opt. 43, 4189 - 4198 (2004).